海洋石油特种作业培训教材

登高架设作业

主编 焦权声

应急管理出版社

· 北 京 ·

图书在版编目（CIP）数据

登高架设作业/焦权声主编 . – – 北京：应急管理出版社，
2021

海洋石油特种作业培训教材

ISBN 978 – 7 – 5020 – 8626 – 8

Ⅰ . ①登… Ⅱ . ①焦… Ⅲ . ①海上油气田—石油工程—
脚手架—安全技术—技术培训—教材 Ⅳ . ①TE5 ②TU731. 2

中国版本图书馆 CIP 数据核字（2021）第 015875 号

登高架设作业（海洋石油特种作业培训教材）

主　　编	焦权声	
责任编辑	闫　非　　郭玉娟	
责任校对	邢蕾严	
封面设计	于春颖	

出版发行	应急管理出版社（北京市朝阳区芍药居 35 号　100029）
电　　话	010 – 84657898（总编室）　010 – 84657880（读者服务部）
网　　址	www. cciph. com. cn
印　　刷	天津嘉恒印务有限公司
经　　销	全国新华书店

开　　本	710mm × 1000mm$^1/_{16}$	印张	$8^3/_4$	字数	118 千字
版　　次	2021 年 8 月第 1 版　2021 年 8 月第 1 次印刷				
社内编号	20201812		定价	35. 00 元	

版权所有　违者必究

海洋石油特种作业培训教材
编 审 委 员 会

编 写 委 员 会

主　　任　王　伟

副 主 任　赵兰祥　杨东棹　章　焱　陈　戎　李玉田
　　　　　任登涛　周维洪

委　　员（按姓氏笔画排序）

王　恒	王　静	王玉宇	文　博	付金杰
朱　晨	朱海龙	邬　璐	刘　巍	刘世煊
刘建涛	刘景亮	李　江	李桂芹	李越宇
杨崇明	肖　刚	余文培	宋峰彬	张　杰
张粉洁	张啸啸	张超明	陆　军	陈国锋
陈维福	赵旭炜	姜亚川	姚　远	姚玉利
袁照华	殷耀玺	高立伟	高　阳	郭　伟
唐明真	粟　驰	靳　彦	颜志华	薄克辉
穆证荣				

前　　言

在海洋石油建筑工程施工中，为满足施工作业需要所搭设的各种形式的脚手架统称为建筑用脚手架。脚手架的搭拆是建筑业中不可缺少的一个分项工程。脚手架搭设质量的好坏，直接关系到施工的安全与工程质量。除了传统意义的脚手架用于登高作业外，由于海洋石油施工作业的一些特殊性，还涉及一些特殊的高处作业，需要借用除脚手架之外的其他登高设施完成特定的任务，例如某些高处作业需要使用吊篮或进行爬绳作业、悬空架设作业等。

近年来，中海油系统在终端建设、平台建造、船舶维修、设备维护、码头修建等施工中，大量地使用了脚手架，由于施工环境多在海上或海洋沿岸，施工场所又都属于易燃易爆的石油化工场站和钻井、采油平台。因此，针对脚手架的搭设施工也做了一些相应的规定。如在中海油系统内禁止使用竹、木脚手架。又如在密闭空间内施工时，除办理密闭空间作业许可证、冷工作业许可证外，密闭空间内外均须设专职安全监护员，并配备防爆通信设备。对进出密闭空间的人员、工具、材料实行登记制度。这些规定对保证施工安全起到了很好的作用。

本教材按照国家相关的行业标准，参照中海油的有关规定，按照基础性、实用性、针对性、准确性、前瞻性的要求，结合中海油各作业区域及生产作业设施自身的特点，针对海上设备设施施工作业的特殊性，选择具有代表性的登高架设作业，将理论知识与现场工程实践相结合，对某些特殊的高处作业进行阐述，优化完善相关的安全操作规程，以更好地指导高处作业。

由于编者水平有限，如有不足之处，敬请读者批评指正，以便我们修改完善。

编　者

2021 年 5 月

目　　次

第一章 高处作业基础知识

第一节 高处作业的定义与分级

一、高处作业的定义

2009 年 6 月 1 日实施的国家标准《高处作业分级》（GB/T 3608—2008）对高处作业的定义为：在距坠落高度基准面 2 m 或 2 m 以上有可能坠落的高处进行的作业。

另外，该标准还对与高处作业相关的几个重要概念进行了定义。

（1）坠落高度基准面：通过可能坠落范围内最低处的水平面。

（2）可能坠落范围：以作业位置为中心，可能坠落范围半径为半径划成的与水平面垂直的柱形空间。

（3）可能坠落范围半径：为确定可能坠落范围而规定的相对于作业位置的一段水平距离。

（4）基础高度：以作业位置为中心，6 m 为半径划出垂直于水平面的柱形空间内的最低处与作业位置间的高度差。

（5）［高处］作业高度：作业区各作业位置至相应坠落高度基准面的垂直距离中的最大值。

工业与民用房屋建筑施工中，诸如临边作业、洞口作业、攀登作业、悬空作业、高处操作平台作业及交叉等高处作业，以及其他行业中在类似工作面上进行的作业，并符合此标准中高处作业的作业内容，均属于高处作业。在作业时，除执行行业标准《建筑施工高处作业安全技术规范》（JGJ 80—2016，自 2016 年 12 月 1 日起实施）

1

外，还应执行国家现行有关高处作业的安全技术标准。

二、高处作业分级

高处作业高度分为 2 m 至 5 m、5 m 以上至 15 m、15 m 以上至 30 m 及 30 m 以上四个区段。

高处作业除执行国家高处作业分级外，中海油天津分公司《高处作业安全管理规定》规定在高度未满 2 m 时，以下情况也可以视为高处作业：

（1）平台或浮式生产储油装置常规保护区域的外侧区域。

（2）下面有转动机械或堆置了易伤害人的物品的地方。

第二节　临边作业与洞口作业的定义及其安全防护

一、临边作业与洞口作业的定义

1. 临边作业

临边作业指在工作面边沿无围护或围护设施高度低于 800 mm 的高处作业，包括楼板边、楼梯段边、屋面边、阳台边以及各类坑、沟、槽等边沿的高处作业。

在海洋石油作业设施和生产设施上，如在没有安装护栏的任何工作平面边缘的作业均属于此类作业。

2. 洞口作业

洞口作业指在地面、楼面、屋面和墙面等有可能使人和物料坠落，其坠落高度大于或等于 2 m 的开口处的高处作业。

二、临边作业与洞口作业安全防护

1. 临边作业安全防护

在进行临边作业时，必须设置牢固的、可行的安全防护设施，不同的临边作业场所需设置不同的防护设施。这些设施主要是防护栏杆和安全网。

（1）坠落高度基准面 2 m 及以上进行临边作业时，应在临空一侧设置防护栏杆，并应采用密目式安全立网或工具式栏板封闭。

（2）分层施工的楼梯口、楼梯平台和梯段边应安装防护栏杆，外设楼梯口、楼梯平台和梯段边还应采用密目式安全立网封闭。

（3）建筑物外围边沿处应采用密目式安全立网进行全封闭，有外脚手架的工程，密目式安全立网应设置在外排脚手架立杆内侧，并与上下大横杆紧密连接；没有外脚手架的工程，应采用密目式安全立网将临边全封闭。

（4）施工升降机、龙门架和井架物料提升机等各类垂直运输设备设施与建筑物间设置的通道平台两侧边应设置防护栏杆、挡脚板，并应采用密目式安全立网或工具式栏板封闭。

（5）各类垂直运输接料平台口应设置高度不低于 1.80 m 的楼层防护门，并应设置防外开装置；多笼井架物料提升机通道中间应分别设置隔离设施。

2. 洞口作业安全防护

海洋石油作业设施和生产设施上的洞口作业根据作业区域不同，存在很大的风险。井口区每个鼠洞的相关作业都可能是一次洞口作业，而且由于井口区上下垂直高度很大，历史上也发生过诸多洞口作业时人员坠落身亡或者伤残的事故，这些惨痛的教训都给我们以警示，结合其他陆地洞口作业的安全防护措施，可以更好地为海上作业设施上的洞口作业提供指导和参考。在洞口作业时应采取防坠落措施，并应符合下列规定：

（1）当垂直洞口短边边长小于 500 mm 时，应采取封堵措施；当垂直洞口短边边长大于或等于 500 mm 时，应在临空一侧设置高度不小于 1.2 m 的防护栏杆，并应采用密目式安全立网或工具式栏板封闭，设置挡脚板。

（2）当非垂直洞口短边尺寸为 25~500 mm 时，应采用承载力满足使用要求的盖板覆盖，盖板四周搁置应均衡，且应防止盖板移位。

（3）当非垂直洞口短边边长为 500～1500 mm 时，应采用专项设计盖板覆盖，并应采取固定措施。

（4）当非垂直洞口短边边长大于或等于 1500 mm 时，应在洞口作业侧设置高度不小于 1.2 m 的防护栏杆，并应采用密目式安全立网或工具式栏板封闭；洞口应采用安全平网封闭。

（5）电梯井口应设置防护门，其高度不应小于 1.5 m，防护门底端距地面高度不应大于 50 mm，并应设置挡脚板。

（6）在电梯安装施工之前，井道内应每隔 10 m 且不大于 2 层楼层加设一道水平安全网；同时施工层上部应设置隔离防护设施。

（7）施工现场通道附近的洞口、坑、沟、槽、高处临边等危险作业处，应悬挂安全警示标志，夜间应设灯光警示。

（8）边长不大于 500 mm 洞口所加盖板，应能承受不小于 1.1 kN/m^2 的荷载。

（9）墙面等处落地的竖向洞口、窗台高度低于 800 mm 的竖向洞口及框架结构在浇注完混凝土没有砌筑墙体时的洞口，应按临边防护要求设置防护栏杆。

3. 防护栏杆的构造

（1）临边作业的防护栏杆应由横杆、立杆及不低于 180 mm 高的挡脚板组成，并应符合下列规定：①防护栏杆应为两道横杆，上杆距地面高度应为 1.2 m，下杆应在上杆和挡脚板中间设置；当防护栏杆高度大于 1.2 m 时，应增设横杆，横杆间距不应大于 600 mm；②防护栏杆立杆间距不应大于 2 m。

（2）防护栏杆立杆底端应固定牢固，并应符合下列规定：①当在基坑四周土体上固定时，应采用预埋或打入方式固定；当基坑周边采用板桩时，如用钢管作立杆，钢管立杆应设置在板桩外侧；②当采用木立杆时，预埋件应与木杆件连接牢固。

（3）防护栏杆杆件的规格及连接应符合下列规定：①当采用钢管作为防护栏杆杆件时，横杆及栏杆立杆应采用脚手钢管，并应采用扣件、焊接、定型套管等方式进行连接固定；②当采用原木作为防护栏杆杆件时，杉木杆梢径不应小于 80 mm，红松、落叶松梢径不应小于 70 mm，栏杆立杆木杆梢径不应小于 70 mm，并应采用 8 号镀锌铁丝或回火铁丝进行绑扎，绑扎应牢固紧密，不得出现泄滑现象，用过的铁丝不得重复使用；③当采用其他型材作防护栏杆杆件时，应选用与脚手钢管材质强度相当规格的材料，并应采用螺栓、销轴或焊接等方式进行连接固定。

（4）栏杆立杆和横杆的设置、固定及连接，应确保防护栏杆在上下横杆和立杆任何处均能承受任何方向的最小 1 kN 外力作用，当栏杆所处位置有发生人群拥挤、车辆冲击和物件碰撞等可能时，应加大横杆截面或加密立杆间距。

（5）防护栏杆应张挂密目式安全立网。

（6）防护栏杆的设计应符合以下要求：①防护栏杆荷载设计值的取用，应符合现行《建筑结构荷载规范》（GB 50009—2012）的有关规定；②防护栏杆上横杆的计算，应以外力为垂直荷载，集中作用于立杆间距最大处的上横杆的中点处，并应符合《建筑施工高处作业安全技术规范》（JGJ 80—2016）的有关规定。

第三节　高处坠落事故特点及成因

建筑施工高处坠落事故发生频率较高，被列为建筑施工五大伤害之首。因此，研究建筑施工高处坠落的特点，分析事故成因，寻找事故发生的规律，采取相应预防的措施，十分必要，也极为紧迫。海洋石油作业设施和生产设施上相较陆地建筑施工又有其自身的特点，几乎都是钢铁结构，结合生产工艺生产设施的特殊性，会涉及酸碱环境、潮湿环境、暴晒环境、噪声环境、限制性空间环境、舷外作业环境等，所以海洋石油设施上的登高架设作业，其作业环境的复杂性和高风险特性决定了海洋石油设施的登高架设作业的安全要求更加严格。

一、高处坠落事故特点

从发生事故的主体看，由于违反操作规程或安全要求，未使用或未正确使用个人防护用品而造成坠落事故的占死亡人数的 68.2% 。从发生事故的主体年龄来看，23～45 周岁的人居多，约占全部高处坠落事故的 70% 。

从发生事故的客体看，原因是多方面的，包括安全生产责任制落实不到位，安全施工专项资金投入不足，安全检查流于形式，劳动组织不合理，安全教育培训不到位，安全技术交底没有针对性，安全防护措施缺陷，施工现场缺乏良好的安全生产环境和生产秩序。

从发生事故的结果看，伤害程度大，死亡率高。

从发生事故的类型看，高处坠落事故最易在建筑安装登高架设过程中发生。如用力过猛失稳，脚手架翻滚，脚手板未铺满踏空，吊篮倾翻、吊篮坠落、卸料平台整体坠落，平台两侧防护栏杆高度不足1.2 m引起侧向坠落，机械拆装过程中引发坠落等。

二、高处坠落事故成因

任何事故的原因都可以从人、物、方法、管理、环境五个方面进行分析，高处坠落事故的成因也不例外。

1. 人的不安全因素

（1）操作者本身患高血压、心脏病、贫血、癫痫等妨碍高处坠落的疾病和生理缺陷的不安全因素。

（2）操作者本身生理和心理上过度疲劳，注意力分散，反应迟钝，懒于思考，动作变形或失误增多而导致事故发生。

（3）操作者习惯性违章所为，如酒后作业，乘吊篮上下，在无防护措施的情况下不戴安全帽、安全带，在轻型屋面上行走等。

（4）操作者对安全操作技术不掌握，如操作时弯腰或转身时不慎碰撞杆件等使身体失去平衡，走动时不慎踩空或脚底打滑。

（5）缺乏对危险有害性的认识，表现为对遵守安全操作规程认

6

识不足，思想上麻痹，坐在栏杆上或脚手架上打闹和休息（睡觉），意识不到潜在的危险性，安全工作存在侥幸心理。

2. 物的不安全状态

（1）脚手板漏铺或有探头板，或铺设不平稳、捆扎不牢。

（2）材料有缺陷，如选择的材料不符合要求，使用报废或伪劣扣件等。

（3）安全装置（如各种限位、保险等）失效或不齐全。

（4）脚手架搭设不规范，未设置防护栏杆或防护栏杆损坏，操作层未张设安全网。

（5）个人防护用品有缺陷，如使用三无产品和老化产品的。

（6）脚手架上堆放的材料过多，造成脚手架超载断裂。

（7）安全网损坏或间距过大，宽度不足或未设安全网。

（8）"四口、五临边"无防护设施或安全设施不牢固或已损坏。

（9）屋面坡度超过25°，无防滑措施。

3. 方法不当

（1）行走时不小心绊倒、跌倒。

（2）用力过猛，身体失去平衡。

（3）登高作业时未站稳脚跟。

4. 管理不到位

（1）脚手架搭设无方案或方案未经审批，针对性不强。

（2）劳动组织不合理，如安排登高技能差的人员从事高处作业。

（3）安全教育培训不到位，从事高处作业人员未经培训就上岗，安全监督管理人员无执业资格、无监督技术、无监督能力在岗。

（4）安全检查不仔细，走马观花，流于形式，危险性较大的施工项目无安全专项方案施工。

（5）安全监督管理人员数量偏少，主体工程、装饰工程、起重吊装工程安全监督管理不及时，施工现场事故隐患多，导致高空坠落事故发生。

（6）安全作业环境和安全施工措施费投入不足，导致安全防护设施不齐全，防护不到位，预防高空坠落措施失效，引发高空坠落事故发生。

5. 环境不适

（1）在大雨、风、雾、雪等恶劣天气下从事高处作业。

（2）在光线不足的情况下从事夜间悬空作业。

第四节　高处作业安全防护装备

高处作业在海洋石油作业设施和生产设施上会经常发生，根据作业高度和难度的不同，作业存在的风险也各有不同。对于风险的控制，我们更多的是强调预防。其中，安全防护措施就显得尤为重要。安全防护措施到位，能在很大程度上降低原有的风险，甚至避免事故发生。

由于行业的特殊性，在高处作业中发生高处坠落、物体打击事故的比例最大。许多事故案例都说明，由于正确佩戴了安全帽、安全带或按规定架设了安全网，从而避免了伤亡事故。事实证明，安全帽、安全带、安全网是减少和防止高处坠落和物体打击这类事故发生的重要安全防护装备，常称为"三宝"。海上石油设施上的登高架设作业、结构的检验检查、无损探伤、隐患排除、设备维修、设备安装及保养作业过程中，一旦发生高处坠落和物体打击，正确使用"三宝"可以很大程度上减轻事故后果的严重程度。

一、安全帽

安全帽是指对人体头部受外力伤害（如物体打击）起防护作用的帽子。使用时要注意：

（1）选用经有关部门检验合格的安全帽。

（2）戴帽前先检查外壳是否破损，有无合格帽衬，帽带是否齐全，如果不符合要求立即更换。

（3）调整好帽箍、帽衬（4～5 cm），系好帽带。

二、安全带

安全带是指防止高处作业人员发生坠落或发生坠落后将作业人员安全悬挂的个体防护装备。

1. 安全带的分类

按照使用条件不同，安全带分为围杆作业安全带、区域限制安全带、坠落悬挂安全带。

（1）围杆作业安全带：通过围绕在固定构造物上的绳或带将人体绑定在固定构造物附近，使作业人员的双手可以进行其他操作的安全带，如图 1－1 所示。

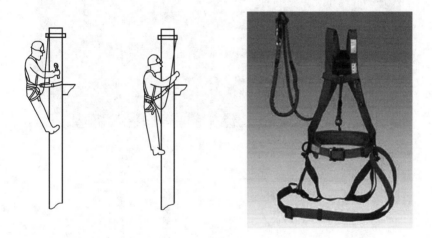

图 1－1　围栏作业安全带

（2）区域限制安全带：用以限制作业人员的活动范围，避免其到达可能发生坠落区域的安全带，如图 1－2 所示。

（3）坠落悬挂安全带：高处作业或登高人员发生坠落时，将作业人员安全悬挂的安全带，如图 1－3 所示。

2. 安全带的构成

安全带的构成见表 1－1。

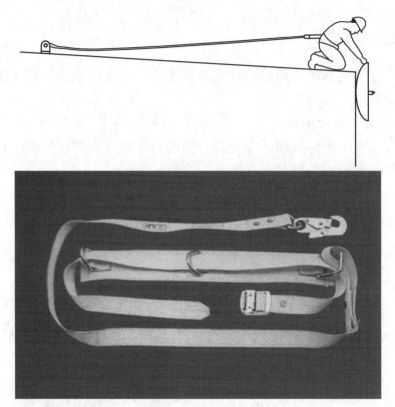

图 1-2 区域限制安全带

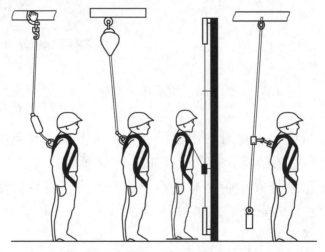

图 1-3 坠落悬挂安全带

表1-1　安全带的构成

分类	部件组成	挂点装置
围杆作业安全带	系带、连接器、调节器（调节扣）、围杆带（围杆绳）	杆（柱）
区域限制安全带	系带、连接器（可选）、安全绳、调节器	挂点
	系带、连接器（可选）、安全绳、调节器、滑车	导轨
坠落悬挂安全带	系带、连接器（可选）、缓冲器（可选）、安全绳	挂点
	系带、连接器（可选）、缓冲器（可选）、安全绳、自锁器	导轨
	系带、连接器（可选）、缓冲器（可选）、速差自控器	挂点

3. 安全带的标记与标识

1）安全带的标记

安全带的标记由作业类别、产品性能两部分组成。

（1）作业类别：以字母 W 代表围杆作业安全带，以字母 Q 代表区域限制安全带，以字母 Z 代表坠落悬挂安全带。

（2）产品性能：以字母 Y 代表一般性能，以字母 J 代表抗静电性能，以字母 R 代表抗阻燃性能，以字母 F 代表抗腐蚀性能，以字母 T 代表适合特殊环境（各性能可组合）。

例如，围杆作业、一般安全带表示为"W - Y"；区域限制、抗静电、抗腐蚀安全带表示为"Q - JF"。

2）安全带的标识

安全带的标识由永久标识和产品说明组成。

（1）永久标志应缝制在主带上，应包括：产品名称、本标准号、产品类别（围杆作业、区域限制或坠落悬挂）、制造厂名、生产日期（年、月）、伸展长度、产品的特殊技术性能（如果有）、可更换的零部件标识（应符合相应标准的规定）。

可以更换的系带应有下列永久标记：产品名称及型号、相应标准号、产品类别（围杆作业、区域限制或坠落悬挂）、制造厂名、生产日期（年、月）。

（2）每条安全带应配有一份说明书，随安全带到达佩戴者手中。产品说明内容包括：①安全带的适用和不适用对象；②生产厂商的名称、地址、电话；③整体报废或更换零部件的条件或要求；④清洁、维护、贮存的方法；⑤穿戴方法；⑥日常检查的方法和部位；⑦安全带同挂点装置的连接方法（包括图示）；⑧扎紧扣的使用方法或带在扎紧扣上的缠绕方式（包括图示）；⑨系带扎紧程度；⑩首次破坏负荷测试时间及以后的检查频次；⑪声明"旧产品，当主带或安全绳的破坏负荷低于 15 kN 时，该批安全带应报废或更换部件"；⑫根据安全带的伸展长度、工作现场的安全空间、挂点位置判定该安全带是否可用的方法；⑬本产品为合格品的声明。

4. 安全带使用注意事项

为了防止作业者在某个高度和位置上可能出现的坠落，作业者在登高和高处作业时必须系挂好安全带。使用时要注意：

（1）选用经有关部门检验合格的安全带，并保证在使用有效期内。

（2）安全带严禁打结、续接。

（3）使用中，要可靠地挂在牢固的锚固点，高挂低用，且要防止摆动，避免明火和刺割。

（4）2 m 以上的悬空作业必须使用安全带。

（5）无法直接挂设安全带的地方，应设置挂安全带的安全拉绳、安全栏杆等。

（6）思想上必须重视安全带的作用。无数事例证明，安全带是"救命带"。可是有少数人觉得系安全带麻烦，上下行走不方便，特别是一些小活、临时活，认为"有系安全带的时间活都干完了"。殊不知，事故发生就在一瞬间，所以高处作业必须按规定要求系好安全带。

（7）安全带使用前应检查绳带有无变质，卡环是否有裂纹，卡簧弹跳性是否良好。

（8）高处作业如安全带无固定挂处，应采用适当强度的钢丝绳或采取其他方法。禁止把安全带挂在移动或带尖锐棱角或不牢固的物件上。

（9）高挂低用。将安全带挂在高处，人在下面工作就叫高挂低用。这是一种比较安全合理的科学系挂方法，它可以使有坠落发生时的实际冲击距离减小。与之相反的是低挂高用，就是安全带拴挂在低处，而人在上面作业。这是一种很不安全的系挂方法，因为当坠落发生时，实际冲击的距离会加大，人和绳都会受到较大的冲击负荷。所以安全带必须高挂低用，杜绝低挂高用。

（10）安全带要拴挂在牢固的构件或物体上，防止摆动或碰撞，绳子不能打结使用，钩子要挂在连接环上。

（11）安全带绳保护套要保持完好，以防绳被磨损。若发现保护套损坏或脱落，必须加上新套后再使用。

（12）安全带严禁擅自接长使用。如果使用3 m及以上的长绳时必须要加缓冲器，各部件不得任意拆除。

（13）安全带在使用前要检查各部位是否完好无损。安全带在使用后，要注意维护和保管。要经常检查安全带缝制部分和挂钩部分，必须详细检查捻线是否发生裂断和残损等。

（14）安全带不使用时要妥善保管，不可接触高温、明火、强酸、强碱或尖锐物体，不要存放在潮湿的仓库中。

（15）安全带在使用两年后应抽验一次，频繁使用应经常进行外观检查，发现异常必须立即更换。定期或抽样试验用过的安全带不准继续使用。

由于海洋石油设施作业环境的特殊性，安全带长期在潮湿的海洋环境中放置，因此维护和检查更应严格，相应的检查频次也应加大。如发现不符合安全要求的安全带，应当机立断进行处理，防止有缺陷的安全带继续使用。

三、安全网

安全网是指用来防止人、物坠落或用来避免、减轻坠落及物体打击伤害的网具。使用时要注意：

（1）要选用有合格证的安全网；安全网必须按规定到有关部门检测、检验合格，方可使用。

（2）安全网若有破损、老化应及时更换。

（3）安全网与架体连接不宜绷得太紧，系结点要沿边分布均匀、绑牢。

（4）立网不得作为平网使用。

（5）立网必须选用密目式安全网。

第五节　登高架设作业人员安全职责

登高架设作业是一项专业性、技术性、责任性较强的工作。登高架设作业人员的安全职责主要包括以下方面：

（1）严格遵守国家有关安全生产的规定和本单位的规章制度，遵守操作规程，保证安全生产。保护劳动者在生产过程中的安全和健康，是党和国家的一项基本政策。新中国成立以后，我国制定和实施了一系列保护劳动者安全和健康的方针、政策，并把不断改善劳动者的劳动条件、防止事故和职业病作为一项严肃的政治任务和保证经济建设顺利进行的一个重要条件。作为劳动者，登高架设作业人员因其作业的特殊性，更要认真学习、贯彻、执行国家职业安全卫生相关的法律法规、标准政策，以及地方政府、上级主管部门和企业根据国家法规制定的行政规章制度，这也是确保安全作业的必要条件。

登高架设作业作为特种作业之一，其从业人员必须经过专门的安全技术培训并取得特种作业资格证书（登高架设作业证书）才可上岗作业。对此，《中华人民共和国劳动法》《中华人民共和国安全生产法》《中华人民共和国建筑法》都有明确规定。登高架设作业人员要自觉遵守并执行这些规定，提高安全意识，增强自我保护能力。

（2）正确使用劳动保护用品、作业工具和设备，认真维护保养。劳动保护用品是保障劳动者作业安全和身体健康的必要防护用品。对于登高架设作业人员，最基本的劳保用品是合格的安全帽和全身式安全带，结合不同的作业环境，其他劳保用品会根据需要进行要求，例如光线不足条件下带光照的安全帽、手套、安全鞋等。由于登高架设作业多涉及脚手架或者其他刚性结构设备和材料，安全鞋目前已成为此类作业中的强制性要求。

根据海洋石油作业要求，从事登高架设作业的经营单位应为员工提供符合要求的全身式安全带。全身式安全带可以有效分配人员在坠落瞬间承受的冲击力，避免对特定身体部位造成集中冲击，在实践中发挥了重要作用。安全带应高挂低用，并且悬挂点应选在作业人员正上方，防止人员坠落时产生较大摆动角度造成猛烈撞击。安全带使用中要注意防止绳子磨损、挂钩断裂。安全带要按照国家标准《安全带》（GB 6095—2009）定期进行检查、维护和保养，企业自身也可以依照国家法规和标准提出更严格的检查要求。对于检查出不符合安全要求的安全带，要坚决进行报废处理。

进入施工现场必须戴好安全帽。安全帽的材质根据国家有关标准进行选购。安全帽的帽衬在使用中任何时候都不能摘除，它的主要作用是当安全帽受到冲击力时，对帽壳受到的冲击力进行缓冲，更好地保护人的头部免受集中冲击力的伤害。安全帽的下颌带也是非常关键的附件。在作业过程中，应系紧下颌带，当帽壳受到不只单一冲击力的情况下，能保证帽壳不轻易脱离人的头部，从而避免后续冲击力对头部的直接冲击；当人员发生坠落事故时，安全帽可减少二次伤害或减轻伤害的严重程度。

登高架设作业人员使用的专用工具和必要的辅助设备应定期进行维护和保养。

（3）作业工具、设备发生故障影响安全作业或者发生险情时，应采取有效措施，并立即报告有关部门和人员。登高架设作业人员应按照规定经常检查自己的作业工具、使用的辅助设备，一旦发现安全隐患，必须如实、及时向责任部门和相关人员汇报，积极采取有效的措施，不得冒险作业。并应如实向接班人员说明存在的安全隐患和已经采取的措施。未经专项培训并且未持有相应操作证书的人员，如果对所发现问题有任何不确定性问题存在，不得擅自动手排险。

定期进行安全检查是防范安全事故的重要措施和有效办法。每次作业前应该对所用工具和设备进行检查，班组每个星期应至少进行一次安全检查。每次检查都要有记录形成，对查出的隐患应做到定人、定时、定措施进行整改，并要有复查记录。

（4）努力学习安全技术知识和技能，不断提高技术水平。

登高架设作业存在的风险较大，作业环境相对复杂，登高架设所涉及的脚手架等作业平台形式各异，这就要求从业人员努力掌握专业知识、安全技术知识和操作技能，防止盲目作业、冒险蛮干，从而避免事故发生。一方面，要按照国家有关法规要求，进行取证培训和后续的复培，掌握最新的法规动态以及专业知识领域内的动态。另一方面，结合日常工作中的实际操作，总结经验，分享经验，广泛开展互动交流，不断提升在专业领域的理解和实践操作能力。

登高架设作业作为国家规定范围内的特殊作业，其从业人员必须取得特种作业操作证书，并且在独立工作之前要有足够的现场班组组织的学习经历，以确保有资格有资历来安全完成作业。

（5）拒绝违章指挥，制止他人违章作业。违章指挥、违章作业、违反劳动纪律是造成事故发生的重要原因。违章指挥和违章作业是危害社会和公民人身安全的违法行为。根据《中华人民共和国刑法》《中华人民共和国安全生产法》《建设工程安全生产管理条例》等的规定，对安全生产违法行为要追究法律责任，甚至刑事责任。

登高架设从业人员对用人单位管理人员的违章指挥、强令冒险作业有权拒绝执行；对危害生命安全和身体健康的行为、违章作业的行为，有权提出批评、检举和报告。

总之，登高架设作业是一项风险相对较高的作业，发生事故的后果都是可以预见的，积极采取防护措施，是登高架设作业人员保护自己的最基本要求，也是生产经营单位相关负责人应尽的义务。

第二章 扣件式钢管脚手架

第一节 扣件式钢管脚手架的特点及适用范围

一、扣件式钢管脚手架的特点

为建筑施工而搭设的、承受荷载的由扣件和钢管等构成的各类脚手架与支撑架,统称脚手架。扣件式钢管脚手架是目前使用最为广泛的一种脚手架。扣件式钢管脚手架由钢管和扣件组成,并具有以下特点:

(1)承载力大。当脚手架搭设的几何尺寸和构造符合扣件式钢管脚手架安全技术规范要求时,一般情况下脚手架的单根立管承载力可达 15~35 kN。

(2)加工、装拆简便。钢管和扣件均有国家标准,加工简单,通用性好,且扣件连接简单,易于操作,装拆灵活,搬运方便。

(3)搭设灵活,适用范围广。钢管长度易于调整,扣件连接不受高度、角度、方向限制,因此扣件式钢管脚手架适用于各种类型建筑结构的施工,也适合海上施工作业和造船修船的需要。

(4)扣件式钢管脚手架所用材料消耗大。扣件式钢管脚手架用材量较大,搭拆耗费人工较多,材料和人工费用消耗也大,施工工效不高,安全保证性一般。

二、扣件式钢管脚手架的适用范围

根据扣件式钢管脚手架的特点,其适用范围如下:

（1）工业与民用建筑施工用单、双排脚手架。

（2）水平混凝土结构工程施工用模板支撑脚手架。

（3）高耸建筑物，如烟囱、水塔等结构施工用脚手架。

（4）上料平台及安装施工用满堂脚手架。

（5）栈桥、码头、公路高架桥施工用脚手架。

（6）钻井及采油平台的建造和维修。

（7）船舶及海上浮式生产装置的建造和维修。

（8）施工安全设施中的护栏、防砸棚和临时扶手。

（9）密闭空间内安装小型设备时的吊点。

（10）其他临时建筑物的骨架等。

第二节　扣件式钢管脚手架的基本组成及搭设要求

一、主要组成构件及作用

扣件式钢管脚手架由钢管及扣件搭设而成，其组成构件的形式如图 2-1 所示。

脚手架的主要构件及作用见表 2-1。

表 2-1　脚手架的主要构件及作用

序号	名称	安装位置及作用
1	扣件	采用螺栓紧固的连接件，是组成脚手架的主要构件
2	直角扣件	用于垂直交叉杆件之间的连接件，是依靠扣件与钢管表面间的摩擦力传递施工荷载、风荷载的受力构件
3	对接扣件	用于杆件之间对接的连接件，也是传递荷载的受力构件
4	旋转扣件	用于平行或斜交杆件之间连接的扣件，可用于任何角度的杆件搭接（垂直交叉搭接除外）
5	防滑扣件	根据抗滑要求增设的非连接用途扣件（直角扣件即可）

表 2 - 1（续）

序号	名称	安装位置及作用
6	固定底座	设于立杆底部的垫座，承受并传递立杆荷载给地基，不能调节支垫高度的底座
7	可调底座	设于立杆底部的垫座，承受并传递立杆荷载给地基，能够调节支垫高度的底座
8	垫板	设于底座下的支承木板
9	立杆（立柱、站杆）	脚手架中垂直于水平面的竖向杆件，是传递脚手架结构自重荷载、施工荷载与风荷载的主要受力杆件
10	外立杆	双排脚手架中离开墙体一侧的立杆，或单排脚手架立杆
11	内立杆	双排脚手架中贴近墙体一侧的立杆
12	角杆	位于脚手架转角处的立杆
13	双管立杆	两根并列紧靠的立杆
14	主立杆	双管立杆中直接承受顶部荷载的立杆
15	副立杆	双管立杆中分担主杆荷载的立杆
16	大横杆（纵向水平杆）	沿脚手架纵向设置的水平杆，在双排脚手架中，平行于建筑物的通长水平杆
17	小横杆（横向水平杆）	沿脚手架横向设置的水平杆，在双排脚手架中，垂直于建筑物，连接脚手架内、外立杆的水平杆件（单排脚手架中，一端连接外立杆，另一端搭在建筑物外墙上）
18	纵向扫地杆	沿纵向设置的扫地杆，可约束立杆底端纵向发生位移
19	横向扫地杆	沿横向设置的扫地杆，可约束立杆底端横向发生位移
20	刚性连墙件	采用钢管、扣件或预埋件组成的连墙件
21	柔性连墙件	采用钢筋作拉筋构成的连墙件，或用 8 号铅丝将脚手架的架体与构筑物进行连接
22	横向斜撑	与双排脚手架内、外立杆斜交，呈"之"字形的斜杆，可增强脚手架的横向刚度，保证脚手架具有必要的承载能力

表 2－1（续）

序号	名称	安装位置及作用
23	剪刀撑	在脚手架外侧面成对设置的交叉斜杆，可增强脚手架的纵向刚度，保证脚手架具有必要的承载能力
24	抛撑杆	与脚手架外侧面斜交的杆件，在架体连墙件未安装稳定前，起防止架体向外侧倾倒的作用
25	脚手板	提供施工操作条件，承受、传递施工荷载给纵、横向水平杆的板件，并起安全防护作用
26	安全网	用来防止人、物坠落，或用来缓冲坠落物的冲击强度，拦截坠落物，对坠落物和网下的人员、设施起保护作用

二、脚手架架体的几何尺寸

1. 架体的主要尺寸参数

（1）脚手架高度：自架体立杆底座下皮至架顶栏杆上皮之间的垂直距离。

（2）脚手架长度：脚手架纵向两端立杆外皮之间的水平距离。

（3）脚手架宽度（立杆横距）：在外墙施工使用的脚手架中，双排脚手架为内、外立杆外皮之间的水平距离；单排脚手架为外立杆外皮至外墙面的距离。

（4）立杆步距（步）：架体上下水平杆轴线之间的距离。

（5）立杆跨距（跨）：双排脚手架中，平行于建筑物方向的立杆间距。

2. 架体几何尺寸的确定依据

（1）使用性能：脚手架的宽度、立杆步距应满足和方便施工人员操作及施工材料的存放、供应等要求。

（2）安全性：脚手架的几何尺寸是影响脚手架承载能力的主要因素，如脚手架的宽度、立杆步距、立杆跨距较大时，脚手架的承载能力将降低。

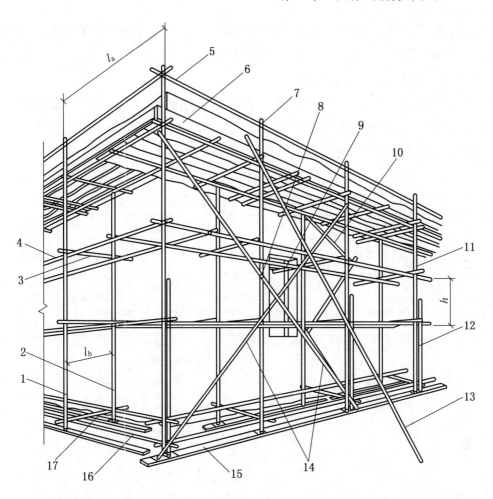

1—外立杆；2—内立杆；3—横向水平杆；4—纵向水平杆；5—栏杆；6—挡脚板；

7—直角扣件；8—旋转扣件；9—连墙杆；10—横向斜撑；11—主立杆；12—副立杆；

13—抛撑；14—剪刀撑；15—垫板；16—纵向扫地杆；17—横向扫地杆

h—步高，即相邻两根纵向水平杆的距离；

l_a—跨距，即相邻两根立杆的距离；

l_b—架宽，即内、外两排立杆的距离

图 2-1　双排扣件式钢管脚手架各杆件位置

（3）经济性：当建筑物很高时，可对采用落地式脚手架、分段悬挑式脚手架、双管立杆脚手架等方案进行全面比较；当脚手架的荷

载较重时，可对不同的立杆跨距与立杆步距的组合进行方案比较，以确定选用安全、经济、合理的脚手架类型及结构尺寸方案。

3. 脚手架允许搭设高度

外墙施工用扣件式钢管脚手架常用的几何尺寸列于表2-2供选用。对需要设计计算的脚手架，在确定其设计几何尺寸时，表2-2所列尺寸也可供初选采用。

表2-2　常用敞开式双排脚手架的设计尺寸　　　　　　m

连墙件设置	立杆横距 l_b	步距 h	下列荷载时的立杆纵距 l_a				脚手架允许搭设高度 $[H]$
			$(2+0.35)$ kN/m²	$(2+2+2\times0.35)$ kN/m²	$(3+0.35)$ kN/m²	$(3+2+2\times0.35)$ kN/m²	
二步三跨	1.05	1.50	2.0	1.5	1.5	1.5	50
		1.80	1.8	1.5	1.5	1.5	32
	1.30	1.50	1.8	1.5	1.5	1.5	50
		1.80	1.8	1.2	1.5	1.2	30
	1.55	1.50	1.8	1.5	1.5	1.5	38
		1.80	1.8	1.2	1.5	1.2	22
三步三跨	1.05	1.50	2.0	1.5	1.5	1.5	43
		1.80	1.8	1.2	1.5	1.2	24
	1.30	1.50	1.8	1.5	1.5	1.2	30
		1.80	1.8	1.2	1.5	1.2	17

注：1. 表中所示 $(2+2+2\times0.35)$ kN/m² 包括下列荷载：$(2+2)$ kN/m² 为二层装修作业层施工荷载标准值，(2×0.35) kN/m² 为二层作业层脚手板自重荷载标准值。

　　2. 作业层横向水平杆间距应按不大于 $l_a/2$ 设置。

　　3. 地面粗糙度为B类，基本风压 $W=0.4$ kN/m²。

脚手架允许搭设高度 $[H]$ 应根据架体结构形式、立杆安装方式、架体几何尺寸及架体承载工况等多种因素确定。

（1）当立杆采用单根钢管时，敞开式外墙施工用双排脚手架架体的几何尺寸及承载工况应满足表 2-2 的要求。

（2）当立杆采用单根铁管时，敞开式、全封闭、半封闭的外墙施工用单排脚手架的允许搭设高度不超过 24 m。

（3）当外墙施工用双排脚手架搭设高度超过 50 m 时，可采用双管立杆、分段悬挑或分段卸荷等有效措施，而且必须按有关规范另行专门设计。采用双管立杆搭设脚手架的下部采用双管立杆，上部采用单管立杆（上部高度应小于 25 m）。

（4）模板支撑脚手架及其他形式的脚手架搭设高度均应进行专门设计。

三、脚手架主要构件搭设的基本要求

为使扣件式钢管脚手架使用安全可靠，架体结构应满足使用的基本要求。在特殊工程结构施工中使用的脚手架，除应满足基本要求外，还必须根据架体的受力状况，由专业人员编制该工程的脚手架专项施工方案。脚手架钢管宜采用 ϕ48.3 mm × 3.6 mm 钢管，每根钢管的最大质量不应大于 25.8 kg。扣件在螺栓拧紧扭力矩达到 65 N·m 时，不得发生破坏。

1. 架体主节点的设置

脚手架是由立杆、大横杆（纵向水平杆）和小横杆（横向水平杆）组成的空间桁架结构。脚手架的每个主节点处应同时设置立杆、大横杆和小横杆。

2. 立杆的设置

（1）每根立杆底部宜设置底座或垫板。

（2）脚手架必须设置纵、横向扫地杆。纵向扫地杆应采用直角扣件固定在距钢管底端不大于 200 mm 处的立杆上。横向扫地杆应采用直角扣件固定在紧靠纵向扫地杆下方的立杆上。

（3）脚手架立杆基础不在同一高度上时，必须将高处的纵向扫地杆向低处延长两跨与立杆固定，高低差不应大于 1 m。靠边坡上方

的立杆轴线到边坡的距离不应小 500 mm。纵横向扫地杆的构造如图
2-2 所示。

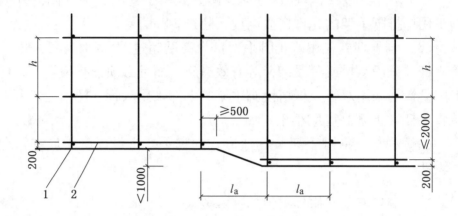

1—横向扫地杆；2—纵向扫地杆

图 2-2　纵横向扫地杆的构造

（4）单、双排脚手架底层步距均不应大于 2 m。

（5）单排、双排与满堂脚手架立杆接长除顶层顶步外，其余各
层各步接头必须采用对接扣件连接。

（6）脚手架立杆的对接、搭接应符合下列规定：①当立杆采用
对接接长时，立杆的对接扣件应交错布置，两根相邻立杆的接头不应
设置在同步内，同步内隔一根立杆的两个相隔接头在高度方向错开的
距离不宜小于 500 mm；各接头中心至主节点的距离不宜大于步距的
1/3；②当立杆采用搭接接长时，搭接长度不应小于 1 m，并应采用
不少于 2 个旋转扣件固定，端部扣件盖板的边缘至杆端距离不应小于
100 mm；③脚手架立杆顶端栏杆宜高出女儿墙上端 1 m，并高出檐口
上端 1.5 m。

3. 纵、横扫地杆的设置

1）纵向水平杆

纵向水平杆的构造应符合下列规定：

（1）纵向水平杆应设置在立杆内侧，单根杆长度不应小于3跨。

（2）纵向水平杆接长应采用对接扣件连接或搭接，并应符合下列规定：①两根相邻纵向水平杆的接头不应设置在同步或同跨内，不同步或不同跨两个相邻接头在水平方向错开的距离不应小于500 mm，各接头中心至最近主节点的距离不应大于纵距的1/3，如图2-3所示；②搭接长度不应小于1 m，应等间距设置3个旋转扣件固定，端部扣件盖板边缘至搭接纵向水平杆杆端的距离不应小于100 mm。

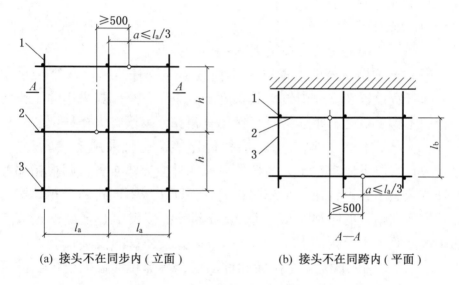

（a）接头不在同步内（立面）　　　（b）接头不在同跨内（平面）

1—立杆；2—纵向水平杆；3—横向水平杆

图2-3 纵向水平杆对接接头布置

2）横向水平杆

横向水平杆的构造应符合下列规定：

（1）作业层上非主节点处的横向水平杆，宜根据支承脚手板的需要等间距设置，最大间距不应大于纵距的1/2。

（2）当使用冲压钢脚手板、木脚手板、竹串片脚手板时，双排脚手架横向水平杆的两端均应采用直角扣件固定在纵向水平杆上；单排脚手架的横向水平杆的一端应用直角扣件固定在纵向水平杆上，另一端应插入墙内，插入长度不应小于 180 mm。

（3）当使用竹笆脚手板时，双排脚手架横向水平杆的两端应用直角扣件固定在立杆上；单排脚手架横向水平杆的一端应用直角扣件固定在立杆上，另一端插入墙内，插入长度不应小于 180 mm。

横向水平杆主节点处必须设置一根横向水平杆，用直角扣件扣接且严禁拆除

4. 水平杆的设置

水平杆包括大横杆和小横杆。

1）大横杆

大横杆的构造应符合以下要求：

（1）普通脚手架的大横杆和小横杆应与立杆连接。双排脚手架的大横杆宜设置在立杆内侧，其长度不宜小于 3 跨。如采用冲压钢脚手板、木脚手板时，小横杆可直接用直角扣件紧固在大横杆上。

（2）大横杆接长宜采用对接扣件连接，也可采用搭接。对接、搭接应符合以下要求：①大横杆的对接扣件应交错布置，两根相邻大横杆的接头不宜设置在同步或同跨内，不同步或不同跨两个相邻接头在水平方向错开的距离不应小于 500 mm，各接头中心至最近主节点的距离不宜大于跨距的 1/3（图 2 – 3）；②大横杆的搭接长度不应小于 1 m，应等间距设置 2 个旋转扣件固定，端部扣件盖板边缘至搭接纵向水平杆杆端的距离不应小于100 mm。

在双排脚手架中，当使用冲压钢脚手板、木脚手板时，大横杆应作为小横杆的支座，用直角扣件固定在立杆上。

2）小横杆

小横杆的构造应符合以下要求：

（1）主节点处必须设置一根小横杆，用直角扣件连接且严禁拆除。主节点处两个直角扣件的中心距不应大于 150 mm。在双排脚手架中，靠墙一端的外伸长度不应大于 500 mm。

（2）作业层上非主节点处的小横杆，宜根据支承脚手板的需要等间距设置，最大间距不应大于跨距的 1/2。

（3）当使用冲压钢脚手板、木脚手板时，双排脚手架的小横杆两端均应采用直角扣件固定在大横杆上。

5. 连墙件的设置

在脚手架与建筑物之间必须设置足够数量、分布均匀的连墙件，以对脚手架侧向提供约束，防止脚手架横向失稳或倾覆。

脚手架连墙件数量的设置除应满足安全规范的计算要求外，还应符合表2-3的规定。

表2-3 连墙件布置最大间距

搭设方法	高度/m	竖向间距/m	水平间距/m	每根连墙件覆盖面积/m²
双排落地	≤50	$3h$	$3l_a$	≤40
双排悬挑	>50	$2h$	$3l_a$	≤27
单排	≤24	$3h$	$3l_a$	≤40

注：h—步距；l_a—纵距。

连墙件的设置应符合下列规定：

（1）应靠近主节点设置，偏离主节点的距离应不大于300 mm。

（2）应从底层第一步纵向水平杆处开始设置，当该处设置有困难时，应采用其他可靠措施固定。

（3）应优先采用菱形布置，或采用方形、矩形布置。

（4）开口型脚手架的两端必须设置连墙件，连墙件的垂直间距不应大于建筑物的层高，并且不应大于4 m。

（5）连墙件中的连墙杆应呈水平设置，当不能水平设置时，应向脚手架一端下斜连接。

（6）连墙件必须采用可承受拉力和压力的构造。对高度24 m以上的双排脚手架，应采用刚性连墙件与建筑物连接。

（7）当脚手架下部暂不能设连墙件时应采取防倾覆措施。当搭设抛撑时，抛撑应采用通长杆件，并用旋转扣件固定在脚手架上，与地面的倾角应在 45°～60°之间；连接点中心至主节点的距离不应大于 300 mm。抛撑应在连墙件搭设后再拆除。

（8）架高超过 40 m 且有风涡流作用时，应采取抗上升翻流作用的连墙措施。

6. 剪刀撑和横向斜撑的设置

双排脚手架应设置剪刀撑与横向斜撑，单排脚手架应设置剪刀撑。

单、双排脚手架剪刀撑的设置应符合下列规定：

（1）每道剪刀撑跨越立杆的根数应按表 2-4 的规定确定。每道剪刀撑宽度不应小于 4 跨，且不应小于 6 m，斜杆与地面的倾角应在 45°～60°之间。

表 2-4　跨越立杆的最多根数

剪刀撑斜杆与地面的倾角 $\alpha/(°)$	45	50	60
剪刀撑跨越立杆的最多根数 n	7	6	5

（2）剪刀撑斜杆的接长应采用搭接或对接。

（3）剪刀撑斜杆应用旋转扣件固定在与之相交的横向水平杆的伸出端或立杆上，旋转扣件中心线至主节点的距离不应大于 150 mm。

（4）高度在 24 m 及以上的双排脚手架应在外侧全立面连续设置剪刀撑；高度在 24 m 以下的单、双排脚手架，均必须在外侧两端、转角及中间间隔不超过 15 m 的立面上各设置一道剪刀撑，并应由底至顶连续设置，如图 2-4 所示。

双排脚手架横向斜撑的设置应符合下列规定：

（1）横向斜撑应在同一节间，由底至顶层呈之字形连续布置。

（2）高度在 24 m 以下的封闭型双排脚手架可不设横向斜撑；高度在 24 m 以上的封闭型脚手架，除拐角应设置横向斜撑外，中间应每隔 6 跨距设置一道。

（3）开口型双排脚手架的两端均必须设置横向斜撑。

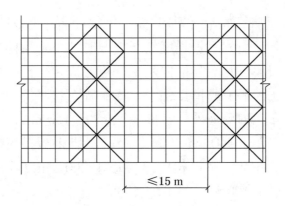

图 2-4　高度 24 m 以下剪刀撑布置

7. 栏杆和挡脚板的设置

脚手架的作业层和斜道均应设置栏杆和挡脚板。

栏杆的搭设应符合以下要求：

（1）栏杆应搭设在外立杆的内侧。

（2）上栏杆上皮距作业层脚手板面的高度为 1.2 m。

（3）中栏杆应居中设置。

（4）栏杆应连续布置，不能留有断口。

（5）栏杆接长可采用对接扣件或搭接连接，搭接部位应位于立杆处，两端头栏杆直接用扣件与立杆连接。

（6）栏杆长度大于 5 m 时，每根栏杆与立杆的连接扣件应不少于 3 个。单跨栏杆跨距超出 2 m 时，中间应加设一根辅助立杆。

挡脚板的设置应符合以下要求：

（1）挡脚板应设置在外立杆的内侧。

（2）挡脚板的高度不应小于 180 mm。

（3）挡脚板与作业层脚手板应搭设严密，防止脚手板上的碎石块等杂物从缝隙中坠落。

8. 脚手板的设置

脚手板的设置应符合下列要求：

（1）作业层脚手板应铺满、铺稳、铺实。

（2）冲压钢脚手板、木脚手板、竹串片脚手板等，应设置在三根横向水平杆上。当脚手板长度小于 2 m 时，可采用两根横向水平杆支承，但应将脚手板两端与横向水平杆可靠固定，严防倾翻。脚手板的铺设应采用对接平铺或搭接铺设。脚手板对接平铺时，接头处应设两根横向水平杆，脚手板外伸长度应取 130 ~ 150 mm，两块脚手板外伸长度的和不应大于 300 mm（图 2 - 5a）；脚手板搭接铺设时，接头应支在横向水平杆上，搭接长度不应小于 200 mm，其伸出横向水平杆的长度不应小于 100 mm（图 2 - 5b）。

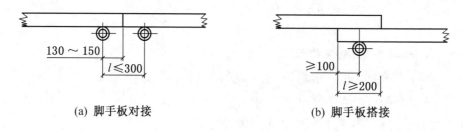

(a) 脚手板对接   (b) 脚手板搭接

图 2 - 5　脚手板对接、搭接构造

（3）竹笆脚手板应按其主竹筋垂直于纵向水平杆方向铺设，且应对接平铺，四个角应用直径不小于 1.2 mm 的镀锌钢丝固定在纵向水平杆上。

（4）作业层端部脚手板探头长度应取 150 mm，其板的两端均应固定于支承杆件上。

（5）铺设脚手板必须满铺挤严，脚手板的两端必须用双股 10 号铅丝绑扎牢固，防止出现"探头板"。

（6）脚手板对接铺设时，接头部位必须设两根小横杆，间距不大于 300 mm，每块板弹出小横杆的距离为 130 ~ 150 mm。

（7）脚手板搭接铺设时，接头部位可设一根小横杆，两块板搭接长度不小于 200 mm，每块板的板头必须探出小横杆 100 mm 以上，搭接方向按重载物料行走方向"上压下"。

（8）脚手板要铺平铺稳，当支撑杆高度不一致时，可用钢管和木材调整，严禁加垫砖头、木块。

（9）脚手板与墙的间隙一般为 100～150 mm，最大不得超出 200 mm。

（10）脚手板可采用钢、木、竹材料制作，单块脚手板的质量不宜大于 30 kg。

（11）木脚手板厚度不应小于 50 mm，两端宜各设置直径不小于 4 mm 的镀锌钢丝箍两道。

在海上或岸边经常刮风且风势较大的地方搭设脚手架，铺板时应注意：脚手架满铺脚手板的层数最多不得超过 4 层，其中包括作业层下方的安全保护层。

9. 安全网的设置

安全网的构造与作用见表 2-5。

表 2-5　安全网的构造与作用

名称	规格要求	使用部位及作用
网绳	断裂强度≥1500 N	安全网的主体绳分大眼网和密目网。海上施工多用大眼网，网眼一般为 30 mm×30 mm～80 mm×80 mm；陆地施工多用密目网，网目为 800 目/cm
筋绳	断裂强度≤3000 N	筋绳的作用是吸收和缓冲冲击能量，当安全网承受额定冲击荷载时，筋绳受力到一定程度时断开，达到缓冲荷载冲击力的目的
平网边绳	断裂强度≥7500 N	平网边绳是构造绳，平网可能受到的冲击力要比立网大得多，所以平网边绳的直径应不小于网绳的 4 倍或筋绳的 2 倍
立网边绳	断裂强度≥3000 N	立网边绳是构造绳，强度必须大于筋绳和网绳，所以立网边绳的直径应不小于网绳的 2 倍或筋绳的 1 倍
系绳	断裂强度≥7500 N	系绳是固定安全网的构造绳，除要求有较强的抗冲击能力外还要耐磨，系绳应与平网边绳规格相同。严禁用筋绳代替系绳或与筋绳编为一根绳

1）安全网的架设

（1）支撑：支撑物应有足够的强度和刚度，可采用与脚手架同规格的钢管，钢管表面光滑，不得有尖锐边缘和残留混凝土。

（2）平网架设：架设平网应外高里低与平面成15°角，网片不得绷紧，便于吸收冲击能量，网片之间用系绳连接牢固不留空隙。

①首层网：沿建筑物四周架设，距地面3.2 m，架设宽度视建筑物的防护高度而定，应大于坠落半径。首层网自架设起一直到施工结束，中途不得拆除。

②随层网：随脚手架作业层的逐层升高而随之升高。

③层间网：在首层网与随层网之间架设的固定平网。自首层网开始，每4层脚手架就要设置一层层间网。

（3）立网架设：立网应架设在安全护栏上，上边与上护栏固定，距作业层1.2 m，下边与作业层大横杆固定，立网与作业层间隙不大于10 cm，扎结点间距不大于50 cm。

2）安全网的拆除

拆除安全网时必须待所防护区域无坠落可能时，经工程负责人同意方可拆除。拆除前先清理网内杂物，然后自上而下拆除。拆除时要系好安全带并设专人监护。

因特殊原因须临时拆除时要有补救措施，在重新架网之前上部不准作业。

第三节　扣件式钢管脚手架的搭设

一、搭设前的准备工作

1. 脚手架施工专项要求

根据施工建筑物的结构情况和施工现场的状况，在施工组织设计中，对脚手架施工提出专项要求以及安全技术措施。对于达到一定规模或危险性较大的脚手架工程，应进行设计计算并编制脚手架专项施工方案，按规定审批后执行。

2. 安全技术交底

施工单位工程负责人或技术负责人，应按施工组织设计或脚手架专项施工方案中有关脚手架施工的要求，以及国家现行脚手架标准的强制性规定，向架设和使用人员进行安全技术交底。安全技术交底的主要内容应包括：

（1）工程概况，待建工程的面积、层高、层数、建筑物总高度、建筑结构类型等。

（2）选用的脚手架类型、形式，脚手架的搭设高度、宽度、步距、跨距及连墙杆的布置要求等。

（3）施工现场的地基处理情况。

（4）根据工程综合进度计划，介绍脚手架施工的方法和安排、工序的搭接、工种的配合等情况。

（5）明确脚手架搭设质量标准、要求及安全技术措施。

3. 脚手架材料的验收

按规定对钢管、扣件、脚手板等搭设材料进行检查与验收，不合格产品不得使用。

4. 检验合格构配件的处理

经检验合格的构配件按品种、规格分类，堆放整齐平稳，堆放场地不得有积水。

5. 清除搭设场地

清除搭设场地杂物，平整搭设场地，夯实基土，并使排水畅通。

6. 基础加固措施

当脚手架基础下有设备基础或管沟时，在脚手架使用过程中不应开挖，否则必须采取加固措施。

在海上平台、船舶或浮式生产储油装置上搭设脚手架时，可不考虑基础加固问题，只需避开有油气的压力管线即可。

二、搭设工艺和要点

1. 脚手架搭设工艺

脚手架搭设工艺流程如图 2-6 所示。

做好准备工作 ①→ 按立杆的纵横距放线 ②→ 铺设垫板 ③→ 摆放底座 ④→ 摆放扫地杆 ⑤→ 逐根树立杆与纵向扫地杆连接 ⑥→ 安装横向扫地杆将脚手架立起 ⑦→ 安装第一步大横杆 ⑧→ 安装第一步小横杆 ⑨→ 安装连墙件或抛撑 ⑩→ 安装第二步大横杆 ⑪→ 安装第二步小横杆 ⑫→ 安装剪刀撑和横向剪刀撑 ⑬→ 根据施工进度和需要继续向上搭设

图 2-6 脚手架搭设工艺流程

外墙施工用双排（单排）脚手架的搭设工艺与普通结构脚手架基本相同，只是增加了搭设栏杆、挡脚板、脚手板和安全网。具体搭设工艺流程如图 2-7 所示。

做好准备工作 ①→ 按立杆的纵横距放线 ②→ 铺设垫板 ③→ 摆放底座 ④→ 摆放扫地杆 ⑤→ 逐根树立杆与纵向扫地杆连接 ⑥→ 安装横向扫地杆将脚手架立起 ⑦→ 安装第一步大横杆 ⑧→ 安装第一步小横杆 ⑨→ 安装连墙件或抛撑 ⑩→ 安装第一步脚手板 ⑪→ 搭设外侧护栏及挡脚板 ⑫→ 安装第二步大横杆 ⑬→ 安装第二步小横杆 ⑭→ 安装连墙件 ⑮→ 安装第二步脚手板 ⑯→ 搭设外侧护栏及挡脚板 ⑰→ 安装剪刀撑 ⑱→ 安装外侧防护安全网 ⑲→ 根据施工进度和需要继续向上搭设

图 2-7 双排施工脚手架搭设工艺流程

2. 搭设要点

（1）底座、垫板应准确地放在定位线上并加以固定，垫板必须铺放平稳，不得悬空。双管立杆应采用双管底座，或定位焊于一根槽钢上；垫板宜采用长度不少于两跨、厚度不小于 50 mm 的木垫板，也可以采用槽钢。

（2）竖立杆需要两人配合，一人拿起立杆，将一头顶在底座上，另一人用左脚将立杆底端踩住再用左手扶住立杆，右手用力将立杆竖起插入底座内。一人不松手继续扶住立杆，另一人将立杆与纵向扫地杆用直角扣件扣紧，同时安装横向扫地杆。

（3）纵向扫地杆距底座上皮的距离应不大于 200 mm，横向扫地杆应采用直角扣件固定在紧靠纵向扫地杆下方的立杆上，或者紧靠立杆固定在纵向扫地杆下侧。

（4）双排外脚手架立杆的搭设。双排外脚手架的立杆要先树里排立杆，后树外排立杆；先树两端立杆，后树中间各根立杆。里、外排大横杆均固定在立杆内侧。

（5）在竖立杆的同时，要及时搭设第一步大横杆和小横杆以及临时抛撑或连墙件，以防架体倾倒。抛撑的设置间距应不大于 6 跨，只有在连墙件安装稳定后，方可根据情况拆除。

（6）脚手架搭设时，应逐排、逐跨、逐步进行，待第一步架体全部搭齐后，再进行第二步架体搭设。

（7）矩形周边建筑物外脚手架的搭设。搭设时可在其中一个建筑物拐角处的两边各搭设 2~3 根立杆的一步架体，并按规定要求搭设剪刀撑或横向斜撑，以形成一个稳定的起始架体，然后向两边搭设剪刀撑或横向斜撑，以形成一个稳定的起始架体，然后向两边延伸，至周边的一步架体全搭设好后，再按搭设工艺分步向上搭设。

（8）封闭型外脚手架的搭设。在封闭型外脚手架的同一步搭设中，大横杆应四周交圈，拐角处的大横杆用直角扣件与内外角部立杆固定。

（9）外墙施工用脚手架的搭设。在外墙施工用脚手架的搭设中，小横杆的搭设除要满足架体构造的基本要求之外，还需要符合以下要求：

①双排脚手架横向水平杆的靠墙一端至墙装饰面的距离不宜大于

100 mm；②单排脚手架横向水平杆不应设置在下列部位：a）设计上不允许留脚手眼的部位；b）边梁上与过梁两端成 60°角的二角形范围内及过梁净跨度 1/2 的高度范围内；c）宽度小于 1 m 的窗间墙、梁或梁垫下及其两侧各 500 mm 的范围内；d）砖砌体的门窗洞口两侧 200 mm 和转角处 450 mm 的范围内，其他砌体的门窗洞口两侧 300 mm 和转角处 600 mm 的范围内；e）独立或附墙砖柱。

三、脚手架的检查与验收

1. 检查与验收的时间

1）架体的质量检查与验收

脚手架在搭设过程中、搭设完成后以及使用过程中,应对架体质量进行定期检查与验收,并将检查与验收结果记入检验报告,存档备查。

2）脚手架及其地基基础的验收

应在下列阶段对脚手架及其地基基础进行检查与验收：

（1）基础完工后及脚手架搭设前。

（2）作业层上施加荷载前。

（3）每搭设完 10～13 m 高度后。

（4）达到设计高度后。

（5）遇有 6 级大风与大雨后。

（6）寒冷地区开冻后。

（7）停用超过 1 个月。

2. 检查与验收的组织形式

脚手架搭设完成后，应根据架体搭设高度、结构形成及其作用，分别组织各级相关人员进行检查与验收。

（1）高度 20 m 及以下的脚手架，由施工单位负责人组织技术、质量、安全人员进行检查与验收。

（2）高度大于 20 m 的脚手架，由上一级单位技术负责人组织工程、技术、质量、安全的有关人员进行检查与验收。

（3）特殊工程搭设的脚手架（如大跨度棚仓、高度大于 20 m 的大面积模板支撑架等专项设计的脚手架工程项目），应由上一级单位负责人组织有关专家和技术人员，对脚手架专项施工方案进行论证，并对脚手架进行全面检查与验收。

3. 检查与验收时依据的技术文件

（1）施工组织设计及变更文件。

（2）技术交底文件。

（3）脚手架杆件、配件的出厂合格证。

（4）脚手架工程的施工记录及简短质量检查记录。

（5）脚手架搭设过程中的重要问题及处理记录。

4. 检查与验收的技术要求

脚手架搭设技术要求、允许偏差与检验方法见表 2-6。

扣件拧紧抽样检查数目及质量判定标准：安装后扣件螺栓的拧紧扭力矩应采用扭力扳手检查，抽样方法应按随机分布原则进行。抽样

表 2-6　脚手架搭设技术要求、允许偏差与检验方法

序号	项目		技术要求	允许偏差 Δ/mm	示意图	检验方法
1	地基基础	表面	坚实平整	—	—	观察
		排水	不积水			
		垫板	不晃动			
		底座	不滑动			
			不沉降	-10		水平仪
2	立杆垂直度	最后验收垂直度（20~80 m）	—	±100		用经纬仪或吊线和钢卷尺

表2-6（续）

序号	项目	技术要求	允许偏差 Δ/mm	示意图	检验方法
2	立杆垂直度	脚手架允许的水平偏差/mm			
		搭设中检查偏差高度/m	总高度/m		
			50	40	20		
		2	±7	±7			
		10	±20	±25	±7		
		20	±40	±50	±50		
		30	±60	±75	±100		
		40	±80	±100			
3	间距	步距	±20	—	钢直尺
		纵距	±50		
		横距	±20		
4	大横杆高差	一根杆的两端	±20		水平仪或水平尺
		同跨内两根大横杆的高差	±10		
5	双排脚手架小横杆外伸长度偏差	外伸500mm	−30	—	钢直尺
6	扣件安装	主节点处各扣件中心点相互间距	Δ≤150 mm	—		钢直尺

表 2-6（续）

序号	项目		技术要求	允许偏差 Δ/mm	示 意 图	检验方法
6	扣件安装	同步立杆上两个相邻对接扣件的高差	$\Delta \geqslant$ 500 mm	—		钢卷尺
		立杆上对接扣件与主节点的距离	$\Delta \leqslant h/3$	—		
		大横杆上对接扣件与主节点的距离	$\Delta \leqslant l_a/3$	—		钢卷尺
		扣件螺栓拧紧力矩	40 ~ 65 N·m	—	—	扭力扳手
7	剪刀撑斜杆与地面的倾角		45° ~ 60°			90°角尺

表 2-6（续）

序号	项目		技术要求	允许偏差 Δ/mm	示 意 图	检验方法
8	脚手板外伸长度	对接	$a = 130 \sim 150$ mm $l \leqslant 300$ mm	—		钢卷尺
		搭接	$a \geqslant 100$ mm $l \geqslant 300$ mm			钢卷尺

检查数目与质量判定标准见表 2-7。不合格的必须重新拧紧，直至合格为止。

在海洋石油作业设施和生产设施上，我们借助脚手架检查表对脚手架投入使用之前做外观的最后确认，通常由脚手架监督或者设施的安全管理人员做检查与验收，并挂牌投入使用。检查内容包括但不限于以下内容：

（1）甲板或地板平面是否适合所要承受的物体。

（2）如果需要，是否安装了桩脚垫板。

（3）脚手架平面是否保持水平。

（4）脚手架高度是否适合所要做的工作。

（5）是否按照要求安装了立杆、撑脚、斜撑等。

（6）脚手架是否垂直。是否妥善固定以防摆动或错位。

（7）工作平台两侧及顶端是否安装了护栏、中间护栏、挡脚板。

（8）平台台面是否铺满踏板（即踏板间无间隔）。

（9）脚手架踏板和挡脚板是否绑紧并固定。

表2-7　扣件拧紧抽样检查数目及质量判定标准

项次	检 查 项 目	安装扣件数量	抽检数量	允许的不合格数
1	连接立杆与大横杆、小横杆或剪刀撑的扣件，接长立杆、大横杆、小横杆或剪刀撑的扣件	51~90	5	0
		91~150	8	1
		151~280	13	1
		281~500	20	2
		501~1200	32	3
		1201~3200	50	5
2	连接大横杆与小横杆的扣件（非主节点扣件）	51~90	5	1
		91~150	8	2
		151~280	13	3
		281~500	20	5
		501~1200	32	7
		1201~3200	50	10

（10）如果使用木质踏板脚手架，是否所有材料都符合要求。木板有无可见裂缝或节瘤。

（11）踏板与踏板是否相互搭接或正确固定。

（12）是否提供了梯子。

（13）梯子是否适当防护且是否高于工作平台台面。

（14）如果脚手架下有人工作或通行，是否在挡脚板和扶手之间安装了安全网。

（15）脚手架工作平台是否保持干净整齐。

（16）脚手架的搭建是否考虑了固定探头、易熔塞环路管线、空气管线、摄像头、玻璃钢管线、阀门把柄、手动报警点、关断按钮、其他按钮、设备的移动和旋转部件等的位置，是否有合理的空距以避免损坏。

检查表要由脚手架主管现场确认，对于不符合安全要求的脚手架，在整改措施完成之前禁止挂牌（图2-8）投入使用。

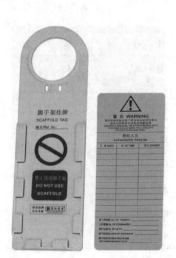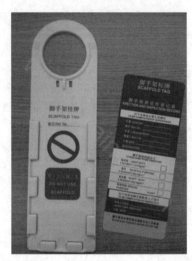

图2-8　脚手架检查挂牌样例

检查表由负责检查人员确认可以投入使用后，检查表要存档。

脚手架的检查除了脚手架使用者每次使用之前的目测检查之外，要按照脚手架使用频率、脚手架所处的环境、作业内容的进度和变化以及天气情况的变化等诸多情况，来确定脚手架由脚手架监督或者安全监督检查的频次，通常有周检、月检或者季度检查。这里要强调的是，由于海洋石油作业设施和生产设施所处环境的特殊性，脚手架使用不建议搭建后长时间停留闲置。这就要求设施经理或者脚手架使用者对于作业内容及周期有良好计划，力争脚手架搭建及时，使用高效。

第四节　扣件式钢管脚手架的拆除

一、脚手架拆除工作特点

1. 时间紧、任务重

脚手架拆除工作一般在工程完成之后进行，与架体搭设不同，拆除工作往往要求在很短的时间内完成。如建筑物外墙施工用脚手架,架体随建筑结构逐层施工而逐层搭设,整个脚手架可能需要几个月甚至更长的时间才能搭设和使用完毕。而架体拆除时,整个工程基本结束,可能要求脚手架在几天内拆除,这就要求脚手架拆除组织工作必须做到井井有条,安全有效。

2. 拆除工作难度大

脚手架拆除工作的难度大,主要表现在以下几个方面:

(1)拆除均为高处作业,人、物坠落的可能性大。

(2)大型建筑的外墙脚手架在搭设过程中,常利用塔式起重机等起重运输机械运送架体材料。而当拆除架体时,这些机械一般均已拆除退场,拆除下的各种架体材料只能通过人工送至地面,操作人员的劳动强度与危险性均较大。

(3)拆除架体时,建筑物外墙装饰工程和设备安装已基本完成,不允许碰撞、损坏,因此减小了架体拆除的操作空间,提高了操作要求。

(4)因建筑物外墙装饰已完成,直接影响到架体连墙件的安装数量和质量,也影响到架体的整体稳定性,给架体拆除工作提出了更高的要求。

二、拆除前的准备工作

扣件式钢管脚手架拆除作业的危险性往往大于搭设作业,因此,在拆除工作开始前必须充分做好以下准备工作。

1. 明确任务

当工程施工完成后,必须经该工程项目负责人检查并确认不再需要脚手架后,下达正式脚手架拆除通知,方可拆除。

2. 全面检查

检查脚手架的扣件连接、连墙件和支撑体系是否符合扣件式脚手架构造及搭设方案的要求。

3. 制订方案

较大型和特殊用途的脚手架根据施工组织设计和检查结果，要编制脚手架拆除方案，对人员组织、拆除步骤、安全技术措施提出详细要求。拆除方案必须经施工单位安全技术主管部门审批后方可实施。方案审批后，由施工单位技术负责人对操作人员进行拆除工作的安全技术交底。

4. 清理现场

拆除工作开始前，应清理架体上堆放的材料、工具和杂物，清理拆除现场周围的障碍物。

5. 人员组织

施工单位应组织足够的操作人员参加架体拆除工作。一般拆除扣件式钢管脚手架至少需要 8～12 人配合操作，其中 1 人负责指挥并监督检查安全操作规程的执行情况，架体上至少安排 3～4 人拆除，2人配合传递材料，1 人负责拆除区域的安全警戒，另外 2～3 人负责清运钢管和扣件。如果是大范围的脚手架拆除，可以将操作人员分成若干小组，分块、分段进行拆除。

三、拆除工艺和要点

1. 脚手架拆除工艺

普通结构脚手架拆除工艺如图 2-9 所示。

做好准备工作 ①→ 拆除剪刀撑 ②→ 拆除外侧护栏及挡脚板 ③→ 拆除上层脚手板 ④→ 拆除上层小横杆 ⑤→ 拆除上层大横杆 ⑥→ 拆除连墙件 ⑦→ 逐根拆除立杆 ⑧→ 往复循环拆除作业 ⑨→ 拆除扫地杆和底座

图 2-9 普通结构脚手架拆除工艺

外墙施工用双排（单排）脚手架的拆除工艺与普通结构脚手架基本相同，只是在每一步架体拆除时，要先拆除架体外侧的安全网和栏杆。具体的拆除工艺如图 2 – 10 所示。

做好准备工作 ①→ 拆除剪刀撑 ②→ 拆除外侧防护安全网 ③→ 拆除外侧护栏及挡脚板 ④→ 拆除上层脚手板 ⑤→ 拆除上层小横杆 ⑥→ 拆除上层大横杆 ⑦→ 拆除连墙件 ⑧→ 逐根拆除立杆 ⑨→ 往复循环拆除作业 ⑩→ 拆除扫地杆和底座

图 2 – 10 外墙施工用双排（单排）脚手架拆除工艺

2. 拆除要点

（1）拆除工作的程序与搭设时相反，先搭的后拆，后搭的先拆。

（2）拆除大横杆（纵向水平杆）时，一般先松开中间的扣件，后松开杆件两端的连接扣件。松开两端扣件时，杆件两端的人应托住杆件，水平取下，防止杆件在拆除时掉落。

（3）拆立杆时，1 人先握紧立杆的上部，另外 1 人松开连接后，与其共同拆除该立杆。

（4）当脚手架拆至下部最后 1 根长立杆的高度（约 6.5 m）时，应先在适当位置搭设临时抛撑加固后，再拆除最后一道连墙件。

（5）当脚手架采取分段、分立面方式拆除时，对暂不拆除的脚手架两端，应按照架体的搭设要求设置连墙件和横向斜撑加固。连墙件垂直距离不大于建筑物层高，且不大于 2 步，横向斜撑应自架底至顶层呈之字形连续分布。

（6）拆除时应统一指挥，上下呼应，动作协调。当拆除与另 1 人有关的扣件时，应先通知对方，以防坠落。

（7）在大片脚手架拆除前，应将预留的斜道、上料平台、通道等先进行加固，以便其余的架体拆除后能确保其完整、安全和稳定。

（8）拆除的杆件可利用滑轮和棕绳放至地面，并按品种、规格随时堆码存放，置于干燥通风处，防止锈蚀。

第五节 脚手架斜道

一、脚手架斜道的用途

脚手架斜道是供施工人员上下脚手架进行施工操作及其他工程管理活动的通道。根据施工现场安全生产规定及实际情况，各类相关施工人员不允许攀爬脚手架，而此时建筑物的楼梯多位于楼层平面中部，不便施工人员上下，因此施工现场通常应搭设专用脚手架斜道，作为施工人员上下脚手架以及运输材料、机具的通道。斜道通常与脚手架架体连接，在特殊情况下（如基坑施工时），可根据施工现场实际需要搭设独立斜道。

二、脚手架斜道分类

1. 按斜道与附着物的关系分

（1）相对独立型：相对独立型脚手架斜道用于深基坑施工时施工人员的垂直交通，其使用工期短，人员上下频次高，且施工场地较复杂，故对其构造要求也较高。目前多采用脚手架钢管、扣件搭设斜道，斜道主架体相对独立，上部与基坑围护结构作适当连接。

（2）附着型：附着型脚手架斜道的架体与建筑施工脚手架架体直接连接，一般情况下与主架体同步搭设，对主架体的稳定性要求较高。附着型脚手架斜道的使用时间较长，占用场地面积较大。

2. 按斜道本身形状特点分

（1）一字形：一字形脚手架斜道呈一字形排列（图2-11），既可独立搭设，也可依附搭设，搭设高度一般不大于6 m。在依附于脚手架主体时，搭设高度不大于3步。

（2）之字形：之字形脚手架斜道一般呈之字形状依附在脚手架主架体上（图2-12），其搭设高度为4步以上，来回弯折向上，并在转弯处设休息平台。

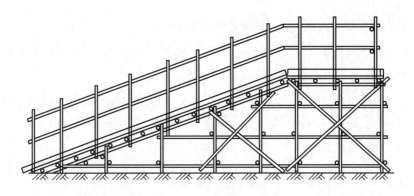

图 2－11　一字形脚手架斜道

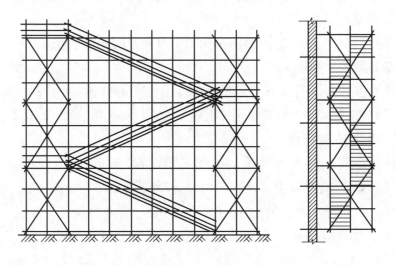

图 2－12　之字形脚手架斜道

三、斜道的基本组成

斜道由立杆、大横杆、斜横杆、小横杆、剪刀撑、连墙杆等构件组成，其构造参数与脚手架基本相同。

（1）立杆：用于承受自重荷载与施工荷载的垂直杆件。

（2）大横杆：沿纵向和横向连接脚手架的水平杆件，用于承受斜道的施工荷载并将荷载传递给立杆。

（3）斜横杆：用于承受并传递斜道的施工荷载给立杆。当设置

47

在小横杆上部时，可用于铺设横向斜道板。

（4）小横杆：用于铺设斜道板的杆件。当设置于斜横杆上部时，用于铺设纵向斜道板。

（5）剪刀撑：设置在斜道架体外侧，可增强架体的稳定性和刚度。

（6）连墙杆：连接斜道与脚手架或建筑物墙体的杆件，可增强斜道架体的稳定性。

四、扣件式钢管脚手架斜道的搭设

扣件式钢管脚手架斜道搭设基本要求与扣件式钢管脚手架相同。

1. 斜道形式

斜道有一字形和之字形两种形式。人行并兼作材料运输的斜道型式宜按下列要求确定：

（1）高度不大于 6 m 的脚手架，宜用一字形斜道，如图 2 - 11 所示。

（2）高度大于 6 m 的脚手架，宜用之字形斜道，如图 2 - 12 所示。

2. 斜道构造规定

（1）斜道应附着外脚手架或建筑物设置。

（2）运料斜道宽度不应小于 1.5 m，坡度不应大于 1∶6；人行斜道宽度不应小于 1 m，坡度不应大于 1∶3。

（3）拐弯处应设置平台，其宽度不应小于斜道宽度。

（4）斜道两侧及平台外围均应设置栏杆及挡脚板。栏杆高度应为 1.2 m，挡脚板高度不应小于 180 mm。

（5）运料斜道两端、平台外围和端部均应按规定设置连墙件。

第六节　扣件式钢管脚手架的安全技术要求

一、搭设安全技术要求

1. 人员要求

（1）脚手架搭设人员必须是按现行国家《特种作业人员安全技

术培训考核管理规定》的要求，经过考核合格的专业架子工。搭设人员所持有的专业上岗证应由当地安全监督管理部门按规定进行审核，该上岗证应在有效期内使用。非专业架子工或无证架子工不得从事搭设脚手架作业。

（2）上岗人员应定期体检，体检合格方可持证上岗。

（3）脚手架搭设人员必须穿工作服，戴好安全帽，系安全带，穿防滑鞋。

（4）脚手架搭设人员作业时，应集中精力，统一指挥，严格按脚手架操作规程和搭设方案的要求完成架体搭设，坚决杜绝随意搭设。

（5）搭设人员每人应配一把钢卷尺，并为脚手架班组配备经纬仪和水平议，以便随时测量脚手架的几何尺寸和搭设质量。

2. 搭设要求

（1）脚手架的构配件质量必须按规定进行检验，合格后方可使用。

（2）脚手架必须配合施工进度搭设，建筑外墙施工用脚手架一次搭设高度不应超过相邻连墙件以上两步。

（3）严禁将外径 48.3 mm 的钢管与外径 51 mm 的钢管混合使用，以防扣件连接后节点连接强度达不到规定要求。

（4）扣件的安装应符合以下要求：①扣件规格必须与钢管外径（ϕ48.3 mm 或 ϕ51 mm）相同；②扣件的拧紧力矩应不小于 40 N·m 且不大于 65 N·m，扣件螺栓拧得太紧或拧过头，容易发生扣件崩裂或螺绞损坏：扣件螺栓拧得太松，脚手架承受荷载后容易产生滑落，二者均为脚手架事故安全隐患；③水平杆连接时，对接扣件开口应朝侧面，螺栓朝上，防止雨水进入钢管，使钢管锈蚀；④连接纵向（或横向）的大小横杆与立杆的直角扣件，其开口要朝上，防止扣件螺栓损坏时横杆脱落；⑤各杆件端头伸出扣件盖板边缘的长度应不小于 100 mm，不大于 500 mm。

（5）操作人员可根据自己使用的扳手长度，参照扣件螺栓要求的扭力矩，用测力计来校核自己的手劲感觉，反复练习，以便熟练掌握自己拧紧扣件螺栓的扭力矩大小，从而确保每个扣件都能达到安装要求。

（6）每搭完一步脚手架后，应按照表 2–6 中的技术要求校正步距、纵距、横距及立杆的垂直度，符合要求时才能继续向上搭设。

（7）对于外墙施工用脚手架，每搭完一步，应及时铺设脚手板：搭设普通支撑脚手架时，应给每个操作人员配备长度合适、重量较轻、强度好的脚手板，并随身携带，使操作人员在搭设架体的过程中能站在脚手板上操作，以提高作业安全性。

（8）在搭至有连墙件的构造点时，搭完该处立杆、纵向水平杆、横向水平杆后，应立即设置连墙件，将架体固定牢固后方可继续搭设。

（9）当有 5 级及 5 级以上大风和雾、雨、雪天气时，应停止脚手架搭设与拆除作业。雨、雪后上架作业应扫除积雪，并采取防滑措施。

（10）临街搭设脚手架时，外侧应有防止坠物伤人的防护措施。

（11）搭设脚手架时，地面应设围栏和警戒标志，并派专人看守，严禁非操作人员入内。

3. 检查与验收要求

（1）在脚手架搭设过程中，应建立每道工序的检查与验收制度。施工项目部应安排技术人员、安全人员和脚手架班组长，按检查标准共同验收搭设质量，不符合标准的项目当场整改，达到标准要求后才能进入下道工序施工。

（2）脚手架搭设完毕，经有关部门整体验收合格，挂出验收合格牌，方可投入使用。同时，应将检查与验收结果记录在验收表格上，以备查看。

（3）脚手架是建筑施工的主要设施，主管部门对施工现场进行安全生产检查时，脚手架的搭设和使用是主要受检项目之一。现行行业标准《建筑施工安全检查标准》（JGJ 59—2011）中扣件式钢管脚手架检查评分表见表2-8。

表2-8　扣件式钢管脚手架检查评分表

序号	检查项目		扣　分　标　准	应得分数	扣减分数	实得分数
1	保证项目	施工方案	1. 架体搭设未编制专项施工方案或未按规定审核、批准，扣10分 2. 架体结构设计未进行设计计算，扣10分 3. 架体搭设超过规范允许高度，专项施工方案未按规定组织专家论证，扣10分	10分		
2		立杆基础	1. 立杆基础不平、不实，不符合专项施工方案要求，扣5~10分 2. 立杆底部缺少底座、垫板或垫板的规格不符合规范要求，每处扣2~5分 3. 未按规范要求设置纵、横向扫地杆，扣5~10分 4. 扫地杆的设置和固定不符合规范要求，扣5分 5. 未采取排水措施，扣8分	10分		
3		架体与建筑结构拉结	1. 架体与建筑结构拉结方式或间距不符合规范要求，每处扣2分 2. 架体底层第一步纵向水平杆处未按规定设置连墙件或未采用其他可靠措施固定，每处扣2分 3. 搭设高度超过24 m的双排脚手架，未采用刚性连墙件与建筑结构可靠连接，扣10分	10分		
4		杆件间距与剪刀撑	1. 立杆、纵向水平杆、横向水平杆间距超过设计或规范要求，每处扣2分 2. 未按规定设置纵向剪刀撑或横向斜撑，每处扣5分 3. 剪刀撑未沿脚手架高度连续设置或角度不符合规范要求，扣5分 4. 剪刀撑斜杆的接长或剪刀撑斜杆与架体杆件固定不符合规范要求，每处扣2分	10分		

表2-8（续）

序号	检查项目		扣 分 标 准	应得分数	扣减分数	实得分数
5	保证项目	脚手板与防护栏杆	1. 脚手板未满铺或铺设不牢、不稳，扣5~10分 2. 脚手板规格或材质不符合规范要求，扣5~10分 3. 架体外侧未设置密目式安全网封闭或网间连接不严，扣5~10分 4. 作业层防护栏杆不符合规范要求，扣5分 5. 作业层未设置高度不小于180 mm的挡脚板，扣3分	10分		
6		交底与验收	1. 架体搭设前未进行交底或交底未有文字记录，扣5~10分 2. 架体分段搭设、分段使用未进行分段验收，扣5分 3. 架体搭设完毕未办理验收手续，扣10分 4. 验收内容未进行量化，或未经责任人签字确认，扣5分	10分		
		小计		60分		
7	一般项目	横向水平杆设置	1. 未在立杆与纵向水平杆交点处设置横向水平杆，每处扣2分 2. 未按脚手板铺设的需要增加设置横向水平杆，每处扣2分 3. 双排脚手架横向水平杆只固定一端，每处扣2分 4. 单排脚手架横向水平杆插入墙内小于180 mm，每处扣2分	10分		
8		杆件搭接	1. 纵向水平杆搭接长度小于1 m或固定不符合要求，每处扣2分 2. 立杆除顶层顶步外采用搭接，每处扣4分 3. 杆件对接扣件的布置不符合规范要求，扣2分 4. 扣件紧固力矩小于40 N·m或大于65 N·m，每处扣2分	10分		

表 2 - 8（续）

序号	检查项目		扣 分 标 准	应得分数	扣减分数	实得分数
9	一般项目	层间防护	1. 作业层脚手板下未采用安全平网兜底或作业层以下每隔 10 m 未采用安全平网封闭，扣 5 分 2. 作业层与建筑物之间未按规定进行封闭，扣 5 分	10 分		
10		构配件材质	1. 钢管直径、壁厚、材质不符合要求，扣 5 分 2. 钢管弯曲、变形、锈蚀严重，扣 5 分 3. 扣件未进行复试或技术性能不符合标准，扣 5 分	5 分		
11		通道	1. 未设置人员上下专用通道，扣 5 分 2. 通道设置不符合要求，扣 2 分	5 分		
		小计		40 分		
检查项目合计				100 分		

二、使用安全技术要求

1. 使用要求

（1）作业层上的施工荷载应符合设计要求，不得超载。不得在脚手架上集中堆放模板、钢筋等物体；不得将模板支架、缆风绳、输送混凝土的泵和砂浆的输送管等固定在脚手架上；架体上严禁悬挂起重设备。

（2）在脚手架使用期间，严禁拆除下列杆件：主节点处的纵横向水平杆及纵横向扫地杆、连墙杆件、栏杆及挡脚板。

（3）不得在脚手架基础及其邻近处进行挖掘作业，否则应采取安全措施，并报主管部门批准。

（4）在脚手架上进行电气焊作业时，必须有防火措施和专人看守，防止焊渣引燃架体上的易燃物件造成火灾事故。

（5）脚手架与架空输电线路的安全距离、工地临时用电线路的架设及脚手架接地、避雷措施等，应按现行行业标准《施工现场临时用电安全技术规范》（JGJ 46—2005）的有关规定执行。

（6）应做好脚手架的防火工作，作业楼层的架体上应适量配备灭火器材。在架体显著位置应设置灭火器的分布位置图及安全通道位置图，以便在需要时操作人员可快速找到并使用。

2. 安全检查

应设专人负责经常对在用的脚手架进行检查和保修。脚手架在使用中应定期检查下列项目：

（1）杆件的设置和连接，连墙件、支撑、门洞桁架等的构造是否符合要求。

（2）地基是否积水，底座是否松动，立杆是否悬空。

（3）连墙件的数量、位置和设置是否符合规定。

（4）扣件螺栓是否松动。

（5）高度大于 24 m 的脚手架，其立杆的沉降与垂直度的偏差是否符合表 2 - 6 中的规定。

（6）安全网、脚手板、杆件、挡脚板等安全防护措施是否符合要求。

（7）架体的使用是否超载。

在下列情况下，必须对脚手架的安全状况进行检查，检查内容按脚手架使用的检查项目完成：在 6 级大风与大雨后；寒冷地区开冻后；停用超过 1 个月，复工前。

三、拆除安全技术要求

1. 安全措施

拆除作业的安全防护要求与搭设作业时相同。

（1）操作人员必须是专业架子工并持证上岗。

（2）作业人员必须戴安全帽、穿工作服、系好安全带、穿防滑软底鞋。

（3）拆除现场应设围栏和警戒标志，并派专人看守，严禁非操作人员入内。操作人员在警戒区内运送拆卸下的构配件时，应暂停拆卸脚手架，待警戒区内无任何人走动时，才能继续拆除作业。

2. 拆除要求

（1）拆除作业必须由上而下逐层进行，并做到一步一清，严禁上下同时作业。

（2）拆除长杆件时，应两人配合操作，并用绳索拴紧杆件，防止失手坠落。

（3）连墙件必须随脚手架逐层拆除，严禁先将连墙件整层或数层拆除后再拆脚手架；分段拆除高差不应大于两步，如高差大于两步，应增设连墙件加固。

（4）如附近有外电线路，应采取隔离措施，严防拆卸的杆件接触电线。

（5）拆除时，应注意不要损坏已安装好的门窗、玻璃、落水管等物件。

（6）拆下的材料应用绳索拴住，利用滑轮徐徐下放至地面，分类堆放。

（7）严禁从架体上向地面抛掷构配件，已吊运至地面的材料应及时运出拆除现场，以保持作业区整洁。

（8）在拆除过程中，不得中途换人。如需换人时，应将拆除情况交代清楚后方可离开。

第三章　门式钢管脚手架

第一节　门式钢管脚手架的构造

门式钢管脚手架是在 20 世纪 80 年代初由国外引进的一种多功能脚手架。它由门架、交叉支撑、连接棒、挂扣式脚手板、锁臂、底座等组成基本结构，再以水平加固杆、剪刀撑、扫地杆加固，并采用连墙件与建筑物主体结构相连的一种定型化钢管脚手架，其构造如图 3 - 1 所示。

一、门式钢管脚手架的门架

门架是门式钢管脚手架的主要构件，其受力杆件为焊接钢管，由立杆、横杆及加强杆等相互焊接组成，如图 3 - 2 所示。

二、门式钢管脚手架的配件

门式钢管脚手架基本组合单元的专用构件称为门架配件，包括连接棒、锁臂、交叉支撑、水平架、挂扣式脚手板、底座与托座等。

连接棒是用于门架立杆竖向组装的连接件。锁臂是门架立杆组装接头处的连接件。交叉支撑是每两幅门架纵向连接的交叉拉杆（图 3 -3），两根交叉杆件可绕中间连接螺栓转动，杆的两端有销孔。

水平架是在脚手架非作业层上代替脚手板而挂扣在门架横杆上的水平框架，如图 3 - 4 所示。它由横杆、短杆和搭钩焊接而成，架端有卡扣，可与门架横杆自锚连接。

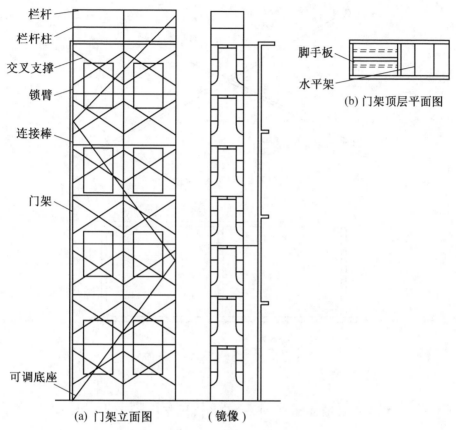

栏杆
栏杆柱
交叉支撑
锁臂
连接棒
门架
可调底座

脚手板
水平架

(b) 门架顶层平面图

(a) 门架立面图　　（镜像）

图 3 - 1　门式钢管脚手架的构造

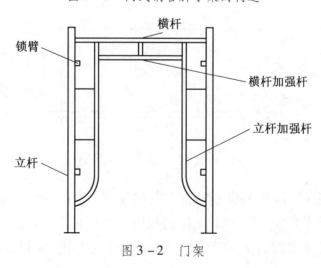

锁臂
横杆
横杆加强杆
立杆加强杆
立杆

图 3 - 2　门架

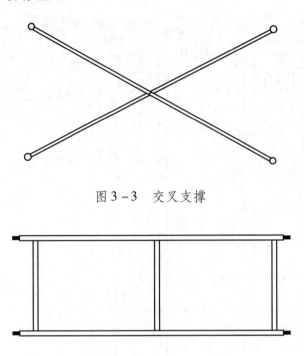

图 3-3　交叉支撑

图 3-4　水平架

　　挂扣式脚手板是挂扣在门架横杆上的专用脚手板，如图 3-5 所示。

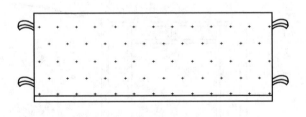

图 3-5　挂扣式脚手板

　　固定底座由底板和管套两部分焊接而成（图 3-6），底部门架的立杆下端插放其中，扩大了立杆的底脚。
　　可调底座由螺杆、调节扳手和底板组成。其作用与固定底座相

同，并且可以调节脚手架立杆高度和
脚手架整体的水平度、垂直度。

三、门式钢管脚手架的其他附件

1. 加固件

加固件是用于增强脚手架刚度的
杆件，包括剪刀撑、水平加固件、封
口杆、扫地杆等。

剪刀撑位于脚手架外侧，是与墙

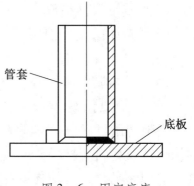

图 3 - 6　固定底座

面平行的交叉杆件。水平加固杆是与墙面平行的纵向水平杆件。封口
杆是连接底部门架立杆下端的横向水平杆件。扫地杆是连接底部门架
立杆下端的纵向水平杆件。

2. 连墙件

连墙件是将脚手架连接于建筑物主体结构上的构件。

第二节　门式钢管脚手架的搭设与拆除

一、施工准备

门式钢管脚手架与模板支架搭设和拆除前，应向搭拆和使用人员
进行安全技术交底。门式钢管脚手架与模板支架搭拆施工的专项施工
方案应包括下列内容：

（1）工程概况、设计依据、搭设条件、搭设方案设计。

（2）搭设施工图。①架体的平、立、剖面图；②脚手架连墙件
的布置及构造图；③脚手架转角、通道口的构造图；④脚手架斜梯布
置及构造图；⑤重要节点构造图。

（3）基础做法及要求。

（4）架体搭设及拆除的程序和方法。

（5）季节性施工措施。

（6）质量保证措施。

（7）架体搭设、使用、拆除的安全技术措施。

（8）设计计算书。

（9）悬挑脚手架搭设方案设计。

（10）应急预案。

门架与配件、加固杆等在使用前应进行检查和验收。经检验合格的构配件及材料应按品种、规格分类堆放整齐、平稳。对搭设场地应进行清理、平整，并应做好排水。

二、地基与基础

门式钢管脚手架与模板支架的地基与基础施工搭设场地必须平整坚实，并应符合下列规定：

（1）回填土应分层回填，逐层夯实。

（2）场地排水应顺畅，不应有积水。

（3）搭设门式钢管脚手架的地面标高宜高于自然地坪标高 50 ~ 100 mm。

（4）当门式钢管脚手架与模板支架搭设在楼面等建筑结构上时，门架立杆下宜铺设垫板。

在搭设前，应先在基础上弹出门架立杆位置线，垫板、底座安放位置应准确，标高应一致。

三、搭设

门式钢管脚手架与模板支架的搭设程序应符合下列规定：

（1）门式钢管脚手架的搭设应与施工进度同步，一次搭设高度不宜超过最上层连墙件两步，且自由高度不应大于 4 m。

（2）满堂脚手架和模板支架应采用逐列、逐排和逐层的方法搭设。

（3）门架的组装应自一端向另一端延伸，应自下而上按步架设，并应逐层改变搭设方向；不应自两端相向搭设或自中间向两端搭设。

（4）每搭设完两步门架后，应校验门架的水平度及立杆的垂直度。

（5）搭完一步架后，按表3-1要求检查其垂直度与水平度，合格后再搭下一步门架。

表3-1　脚手架搭设垂直度与水平度允许偏差

项　目		允许偏差/mm
垂直度	每步架	$h/1000$ 及 ± 2.0
	脚手架整体	$H/600$ 及 ± 50
水平度	一跨距内水平架两端高差	$\pm l/600$ 及 ± 3.0
	脚手架整体	$\pm L/600$ 及 ± 50

注：h—脚手架步距中每步架的高度；H—脚手架整体的高度；l—脚手架同一跨距内水平杆两端高度差的长度；L—脚手架整体水平杆两端高度差的长度。

四、搭设要求

1. 门架搭设

（1）交叉支撑、脚手板应与门架同时安装。

（2）连接门架的锁臂、挂钩必须处于锁住状态。

（3）钢梯的设置应符合专项施工方案组装布置图的要求，底层钢梯底部应加设钢管并应采用扣件扣紧在门架立杆上。

（4）在施工作业层外侧周边应设置180 mm高的挡脚板和两道栏杆，上道栏杆高度应为1.2 m，下道栏杆应居中设置。挡脚板和栏杆均应设置在门架立杆的内侧。

2. 配件搭设

（1）配件应与门架配套，并应与门架可靠连接。

（2）门架的两侧应设置交叉支撑，并应与门架立杆上的锁销锁牢。

（3）上下门架的组装必须设置连接棒，连接棒与门架立杆配合间隙不应大于 2 mm。

（4）门式钢管脚手架或模本支架上下门架间应设置锁臂，当采用插销式或弹销式连接棒时可不设锁臂。

（5）门式钢管脚手架作业层应连续满铺与门架配套的挂扣式脚手板，并应有防止脚手板松动或脱落的措施。当脚手板上有孔洞时，孔洞的内切圆直径不应大于 25 mm。

（6）底部门架的立杆下端宜设置固定底座或可调底座。

（7）可调底座和可调托座的调节螺杆直径不应小于 35 mm，可调底座的调节螺杆伸出长度不应大于 200 mm。

3. 水平加固杆搭设

其搭设方法是：用扣件将水平加固杆（铁管）扣接在门架立杆上，沿脚手架外侧连续设置，形成水平闭合圈，底层门架内外侧均要设置（即扫地杆）。搭设位置：当脚手架高度超过 20 m 时，每隔 4 步架一道，并与连墙件设置在同一层。

门式钢管脚手架应在门架两侧的立杆上设置纵向水平加固杆，并应采用扣件与门架立杆扣紧。水平加固杆设置应符合下列要求：

（1）顶层、连墙件设置层必须设置。

（2）当脚手架每步铺设挂扣式脚手板时，至少每 4 步应设置一道，并宜在有连墙件的水平层设置。

（3）当脚手架搭设高度小于或等于 40 m 时，至少每两步门架应设置一道；当脚手架搭设高度大于 40 m 时，每步门架应设置一道。

（4）在脚手架的转角处、开口型脚手架端部的两个跨距内，每步门架应设置一道。

（5）悬挑脚手架每步门架应设置一道。

（6）纵向水平加固杆设置层面上应连续设置。

4. 剪刀撑搭设

其搭设方法是：用扣件将剪刀撑铁管与门架立杆扣接，铁管若需接长，搭接长度不小于 1 m，且不少于两个回转扣件搭接。搭设位置：脚手架两端、从底到顶，中间各道剪刀撑之间的距离不大于

15 m，当脚手架高度超过 20 m 时，应沿脚手架外侧连续设置；剪刀撑斜杆与地面倾角为 45°～60°；剪刀撑宽度为 4～5 m（2～4 跨门架）。

门式钢管脚手架剪刀撑的设置必须符合下列规定：

（1）当门式钢管脚手架搭设高度在 24 m 及以下时。在脚手架的转角处、两端及中间间隔不超过 15 m 的外侧立面必须各设置一道剪刀撑，并应由底至顶连续设置。

（2）对于悬挑脚手架，在脚手架全外侧立面上必须设置连续剪刀撑。

（3）当脚手架搭设高度超过 24 m 时，在脚手架全外侧立面上必须设置连续剪刀撑。

（4）剪刀撑应采用旋转扣件与门架立杆扣紧。

（5）剪刀撑斜杆应采用搭接接长，搭接长度不宜小于 1000 mm，搭接处应采用 3 个及以上旋转扣件扣紧。

（6）每道剪刀撑的宽度不应大于 6 个跨距，且不应大于 10 m；也不应小于 4 个跨距，且不应小于 6 m。设置连续剪刀撑的斜杆水平间距宜为 6～8 m。

5. 连墙件搭设

其搭设方法是：与普通钢管脚手架相同，用钢管、扣件或其他刚性连墙件将门架与建筑进行可靠连接。搭设位置：从脚手架端部第二榀门架开始设置，间距应符合表 2－3 中规定的要求，在脚手架转角处、断开处两端以及脚手架外侧因设有防护棚或安全网而受偏心荷载部位，应增设连墙件，增设连墙件的竖向间距不大于 4 m。连墙件必须能够承受拉力和压力，其承载力标准值不小于 10 kN。

连墙件设置需满足以下要求：

（1）连墙件设置的位置、数量应按专项施工方案确定，并应按确定的位置设置预埋件。

（2）连墙件的设置除应满足规范的计算要求外，尚应满足表 3－2 的要求。

表 3-2　连墙件最大间距或最大覆盖面积

序号	脚手架搭设方式	脚手架高度/m	连墙件间距/m		每根连墙件覆盖面积/m²
			竖向	水平	
1	落地、密目式安全网全封闭	≤40	3h	3l	≤33
2			2h	3l	≤22
3		>40			
4	悬挑、密目式安全网全封闭	≤40	3h	3l	≤33
5		40~60	2h	3l	≤22
6		>60	2h	2l	≤15

注：1. 序号 4~6 为架体位于地面上高度。

　　2. 按每根连墙件覆盖面积设置连墙件时，连墙件的竖向间距不应大于 6 m。

　　3. 表中 h 为步距，l 为跨距。

（3）在门式钢管脚手架的转角处或开口型脚手架端部，必须增设连墙件，连墙件的垂直间距不应大于建筑物的层高，且不应大于 4.0 m。

（4）连墙件应靠近门架的横杆设置，距门架横杆不宜大于 200 mm。连墙件应固定在门架的立杆上。

（5）连墙件宜水平设置，当不能水平设置时，与脚手架连接的一端应低于与建筑结构连接的一端，连墙杆的坡度宜小于 1∶3。

6. 转角处门架连接

在建筑物转角处与每步架内、外侧应增设水平连接杆，以确保将两侧门架连接起来，如图 3-7 所示。

水平连接杆用扣件与门架立杆采用扣接方式。在建筑物的转角处，门式钢管脚手架内、外两侧立杆上应按步设置水平连接杆、斜撑杆，将转角处的两榀门架连成一体。连接杆、斜撑杆应采用钢管，其规格应与水平加固杆相同。连接杆、斜撑杆应采用扣件与门架立杆及水平加固杆扣紧。

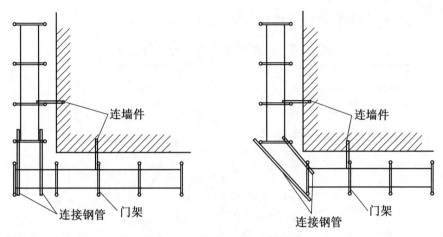

图 3－7　转角处脚手架连接

五、验收

脚手架搭设完工后，必须通过检查与验收才能交付使用。检查与验收的基本要求如下：

（1）对于高度小于 20 m 的脚手架，由单位工程负责人组织检查与验收；而高度超过 20 m 的脚手架，应由上一级技术负责人组织检查与验收。

（2）验收依据包括《建筑施工门式钢管脚手架安全技术标准》（JGJ/T 128—2019）、单位工程施工组织设计文件以及脚手架各构配件质量标准等。

（3）检查与验收内容包括脚手架构配件出厂合格证、脚手架施工记录及问题处理记录、有关技术文件、资料。

（4）现场检查是脚手架检查与验收中的重点工作，各项检查均要做好记录，并评定其质量的好坏。检查的主要项目有：①配件和加固件质量是否合格，各部件是否安装齐全，销轴和挂扣是否紧固可靠；②安全网的张挂及扶手（栏杆）的设置是否齐全；③基础是否平整坚实，垫块、垫板是否符合规定；④连墙件的数量、位置和设置是否符合要求；⑤脚手架垂直度、水平度是否符合要求。

门式钢管脚手架检查评分表见表3-3。

表3-3　门式钢管脚手架检查评分表

序号	检查项目		扣 分 标 准	应得分数	扣减分数	实得分数
1	保证项目	施工方案	1. 未编制专项施工方案或未进行设计计算，扣10分 2. 专项施工方案未按规定审核、审批，扣10分 3. 架体搭设超过规范允许高度，专项施工方案未组织专家论证，扣10分	10分		
2		架体基础	1. 架体基础不平、不实，不符合专项施工方案要求，扣5~10分 2. 架体底部未设置垫板或垫板的规格不符合要求，扣2~5分 3. 架体底部未按规范要求设置底座，每处扣2分 4. 架体底部未按规范要求设置扫地杆，扣5分 5. 未采取排水措施，扣8分	10分		
3		架体稳定	1. 架体与建筑物结构拉结方式或间距不符合规范要求，每处扣2分 2. 未按规范要求设置剪刀撑，扣10分 3. 门架立杆垂直偏差超过规范要求，扣5分 4. 交叉支撑的设置不符合规范要求，每处扣2分	10分		
4		杆件锁臂	1. 未按规定组装或漏装杆件、锁臂，扣2~6分 2. 未按规范要求设置纵向水平加固杆，扣10分 3. 扣件与连接的杆件参数不匹配，每处扣2分	10分		
5		脚手板	1. 脚手板未满铺或铺设不牢、不稳，扣5~10分 2. 脚手板规格或材质不符合要求，扣5~10分 3. 采用挂扣式钢脚手板时挂钩未挂扣在横向水平杆上或挂钩未处于锁住状态，每处扣2分	10分		

表 3 - 3（续）

序号	检查项目		扣　分　标　准	应得分数	扣减分数	实得分数
6	保证项目	交底与验收	1. 脚手架搭设前未进行交底或交底未有文字记录，扣 5～10 分 2. 脚手架分段搭设、分段使用未办理分段验收，扣 6 分 3. 脚手架搭设完毕未办理验收手续，扣 10 分 4. 验收内容未进行量化，或未经责任人签字确认，扣 5 分	10 分		
		小计		60 分		
7	一般项目	架体防护	1. 作业层防护栏杆不符合规范要求，扣 5 分 2. 作业层未设置高度不小于 180 mm 的挡脚板，扣 3 分 3. 架体外侧未设置密目式安全网封闭或网间连接不严，扣 5～10 分 4. 作业层脚手板下未采用安全平网兜底或作业层以下每隔 10 m 未采用安全平网封闭，扣 5 分	10 分		
8		构配件材质	1. 杆件变形、锈蚀严重，扣 10 分 2. 门架局部开焊，扣 10 分 3. 构配件的规格、型号、材质或产品质量不符合规范要求，扣 5～10 分	10 分		
9		荷载	1. 施工荷载超过设计规定，扣 10 分 2. 荷载堆放不均匀，每处扣 5 分	10 分		
10		通道	1. 未设置人员上下专用通道，扣 10 分 2. 通道设置不符合要求，扣 5 分	10 分		
		小计		40 分		
检查项目合计				100 分		

第三节 门式钢管脚手架构造特点及使用注意事项

一、门式钢管脚手架构造特点

门式钢管脚手架属于工具式脚手架，其门架、水平架、交叉支撑等主要构配件是定型产品，采用承插、挂扣或锁销连接。这种脚手架施工速度快，装拆方便，但整体性刚度较差。为此，增设了水平加固杆，水平加固杆在脚手架外侧连续设置成闭合圈：在脚手架转角处与门架内外侧均增设了水平连接杆，且层层设置：同时，水平连接杆应与水平加固杆连接为统一的整体。

水平加固杆和水平连接杆可利用普通脚手架钢管（$\phi48.3$ mm × 3.6 mm 焊接钢管）。

门架的水平度、垂直度要求较高，搭设时要通过拉线、吊线予以找平找直，必要时可利用水平仪、经纬仪找平找直。利用可调底座和可调托座调节门架高度时，应注意其调节螺杆伸长度不宜太大，一般不超过200 mm。若超过200 mm，则门架承载力应乘以修正系数0.9；若超过300 mm，则应乘以修正系数0.8。

二、门式钢管脚手架使用注意事项

1. 日常检查

门式钢管脚手架与模板支架在使用过程中应进行日常检查，发现问题应及时处理。应对下列项目进行检查：

（1）加固杆、连墙件应无松动，架体应无明显变形。

（2）地基应无积水，垫板及底座应无松动，门架立杆应无悬空。

（3）锁臂、挂扣件、扣件螺栓应无松动。

（4）安全防护设施应符合规范要求。

（5）应无超载使用。

2. 特殊检查

门式钢管脚手架与模板支架在使用过程中遇有下列情况时，应进行检查，确认安全后方可继续使用：

（1）遇有8级以上大风或大雨过后。

（2）冻结的地基土解冻后。

（3）停用超过一个月。

（4）架体遭受外力撞击等作用。

（5）架体部分拆除。

（6）其他特殊情况。

3. 拆除前检查

（1）门式钢管脚手架在拆除前，应检查架体构造、连墙件设置、节点连接，当发现有连墙件、剪刀撑等加固杆件缺少、架体倾斜失稳或门架立杆悬空情况时，对架体应先加固再拆除。

（2）模板支架在拆除前，应检查架体各部位的连接构造、加固件的设置，应明确拆除顺序和拆除方法。

（3）拆除作业前，对拆除作业场地及周围环境应进行检查，拆除作业区内应无障碍物，作业场地临近的输电线路等设施应采取防护措施。

第四节　门式钢管脚手架的拆除程序

架体的拆除应按拆除方案施工，并应在拆除前做好下列准备工作：

（1）应对将拆除的架体进行拆除前的检查。

（2）根据拆除前的检查结果补充完善拆除方案。

（3）清除架体上的材料、杂物及作业面的障碍物。

拆除作业必须符合下列规定：

（1）架体的拆除应从上而下逐层进行，严禁上下同时作业。

（2）同一层的构配件和加固杆件必须按先上后下、先外后内的顺序进行拆除。

（3）连墙件必须随脚手架逐层拆除。严禁先将连墙件整层或数层拆除后再拆架体。拆除作业过程中，当架体的自由高度大于两步时，必须加设临时拉结。

（4）连接门架的剪刀撑等加固杆件必须在拆卸该门架时拆除。

拆卸连接部件时，应先将止退装置旋转至开启位置，然后拆除，不得硬拉，严禁敲击。拆除作业中，严禁使用手锤等硬物击打、撬别。

当门式钢管脚手架需分段拆除时，架体不拆除部分的两端应按规范规定采取加固措施后再拆除。

门架与配件应采用机械或人工运至地面，严禁抛投。拆卸的门架与配件、加固杆等不得集中堆放在未拆架体上，并应及时检查、整修与保养，并宜按品种、规格分别存放。

第五节　门式钢管脚手架的安全技术要求

（1）搭拆门式钢管脚手架或模板支架应由专业架子工担任，并应按住房和城乡建设部特种作业人员考核管理规定考核合格，持证上岗。上岗人员应定期进行体检，凡不适合登高作业者，不得上架操作。

（2）搭拆架体时，施工作业层应铺设脚手板，操作人员应站在临时设置的脚手板上进行作业，并应按规定使用安全防护用品，穿防滑鞋。

（3）门式钢管脚手架与模板支架作业层上严禁超载。

（4）严禁将模板支架、缆风绳、混凝土泵管、卸料平台等固定在门式钢管脚手架上。

（5）六级及以上大风天气应停止架上作业；雨、雪、雾天应停止脚手架的搭拆作业；雨、雪、霜后上架作业应采取有效的防滑措施，并应扫除积雪。

（6）门式钢管脚手架与模板支架在使用期间，当预见可能有强风天气所产生的风压值超出设计的基本风压值时，对架体应采取临时加固措施。

（7）在门式钢管脚手架使用期间，脚手架基础附近严禁进行挖掘作业。

（8）满堂脚手架与模板支架的交叉支撑和加固杆，在施工期间禁止拆除。

（9）门式钢管脚手架在使用期间，不应拆除加固杆、连墙件、转角处连接杆、通道口斜撑杆等加固杆件。

（10）如施工需要，脚手架的交叉支撑可在门架一侧局部临时拆除，但在该门架单元上下应设置水平加固杆或挂扣式脚手板，在施工完成后应立即恢复安装交叉支撑。

（11）应避免装卸物料对门式钢管脚手架或模板支架产生偏心、振动和冲击荷载。

（12）门式钢管脚手架外侧应设置密目式安全网，网间应严密，防止坠物伤人。

（13）门式钢管脚手架与架空输电线路的安全距离、工地临时用电线路架设及脚手架接地、避雷措施等，应按现行行业标准《施工现场临时用电安全技术规范》（JGJ 46—2005）的有关规定执行。

（14）在门式钢管脚手架或模板支架上进行电气焊作业时，必须有防火措施和专人看护。

（15）不得攀爬门式钢管脚手架。

（16）搭拆门式钢管脚手架或模板支架时，必须设置警戒线、警戒标志，并应派专人看守，严禁非作业人员入内。

（17）对门式钢管脚手架与模板支架应进行日常性的检查和维护，应及时清理架体上的建筑垃圾或杂物。

第四章　其他典型脚手架

第一节　悬挑脚手架

近年来，高层建筑施工中普遍采用不落地式脚手架，包括悬挑脚手架、吊挂脚手架、爬架等。本节重点介绍悬挑脚手架。

一、悬挑脚手架的适用范围

悬挑脚手架一般应用于以下几种情况：

（1）高层建筑主体结构四周为裙房，脚手架不能直接支承在地面上。

（2）超高建（构）筑物施工，脚手架搭设高度超过其允许搭设高度，因此将整个脚手架按允许搭设高度分成若干段，每段脚手架支承在由建筑结构向外悬挑的结构上。

（3）平台、船舶及浮式生产储油装置的舷外施工。

二、悬挑脚手架的结构

悬挑脚手架是坐落在从建筑结构外边缘向外伸出的悬挑结构上的外脚手架，可将脚手架的荷载全部或部分传递给建筑结构。悬挑脚手架的关键是悬挑支承结构，该支承结构必须有足够的强度、刚度和稳定性，并能将脚手架的荷载传递给建筑结构。

普通脚手架搭设高度超过规范所规定的高度时，在高度上必须采取分段支承的方法，即各段分别承受本段脚手架的自重和施工荷载。这里重点介绍支撑杆式悬挑脚手架。

支撑杆式悬挑脚手架的支承结构直接用脚手架杆件搭设。

1. 支撑杆式双排悬挑脚手架

支撑杆式双排悬挑脚手架的支承结构为在内、外两排立杆上加设的斜撑杆，斜撑杆一般采用双钢管，而水平横杆加长后一端与预埋在建筑结构中的铁环焊牢，脚手架所承受的荷载可以通过斜撑杆和水平横杆传递到建筑物上。

此外，还可以采用下撑上拉方法，在脚手架的内、外两排立杆上分别加设斜撑杆。斜撑杆的下端支在建筑结构的梁、楼板、甲板、撬块支座等支撑点上，并且内排立杆斜撑杆的支点比外排立杆斜撑杆的支点要高出一段距离或一个楼层。斜撑杆上端用扣件与脚手架的立杆相连接。此外，除采用斜撑杆拉结外，在有条件的情况下还要尽量设置吊杆，以增强脚手架的承载能力，如图 4 – 1a 所示。

2. 支撑杆式单排悬挑脚手架

支撑杆式单排悬挑脚手架的支承结构从窗口、人孔或工艺孔挑出横杆，并以斜撑杆支撑在下一层的窗台、甲板、结构护栏上。也可以先在墙上留洞或预埋支托铁件，以支承斜撑杆，如图 4 – 1b 所示。

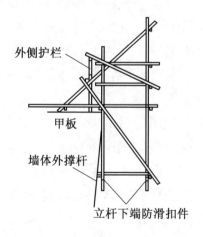

外侧护栏

甲板

墙体外撑杆

立杆下端防滑扣件

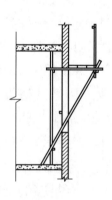

(a) 利用甲板护栏搭设的双排悬挑脚手架　(b) 利用窗口搭设的单排悬挑脚手架

图 4 – 1　支撑杆式悬挑脚手架的基本形式

三、悬挑脚手架的特点

（1）无须地面或坚实基础作脚手架的支承，也不占用施工场地。

（2）脚手架不满搭，只搭设满足施工操作及各项安全要求所需的高度，因此脚手架的搭设材料不随建筑物高度增大而增多。

（3）脚手架及其承担的荷载通过悬挑支架或连接件传递给与之相连的建筑结构，对这部分结构的强度要有一定要求。

（4）脚手架随建筑物的施工进度而沿其外墙升降，可省去大量的材料、劳力，经济效益随着建筑物的高度增加而更为显著。

（5）针对海上作业空间狭小，舷外作业多的特点，有极高的使用价值。

四、悬挑脚手架的搭设方法

1. 选定搭设（含支承）方案

采用分段悬挑脚手架施工的高层建筑，首先应选定相应的支承方案。可根据建筑结构的形式、施工现场的条件及搭设经验，由项目负责人组织有关技术人员确定搭设方案。分段悬挑脚手架搭设方案的重点是分段支承的形式、支承结构的搭设方法、支承与建筑结构的关系问题。用扣件式钢管搭设分段悬挑脚手架时，其连墙件的设置、立杆和横杆的间距等构造要求均应符合《建筑施工扣件式钢管脚手架安全技术规范》（JGJ 130—2011）中的相关规定。

海上作业采用舷外搭设时，要充分利用学过的力学知识选好支撑点，必要时可以制作一些辅助器具，在甲板的钢结构梁、柱上建立支撑点，如图 4 - 2 所示。制作辅助器具的材料，要经专业技术人员计算后选用。在实际工作中，可利用的方法很多，这只是在海上常用的两种方法，只要有足够的强度就可以因地制宜巧妙利用。

2. 准备工作

准备工作包括搭设材料的准备、支承件的制作、支承设施预埋件的设置等。高层建筑脚手架的搭设工作量大、牵涉面广，其准备工作

(a) 利用平台结构搭设悬挑脚手架

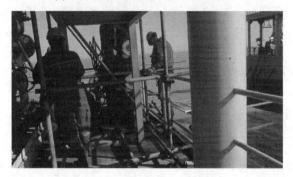

(b) 利用平台护栏搭设悬挑脚手架

图 4-2　支撑杆式悬挑脚手架的基本形式

仅由架子工不能全部完成，通常由现场技术负责人统一安排协调，多工种配合共同完成。

3. 悬挑脚手架的搭设要求

高层建筑采用分段支承悬挑脚手架时，脚手架的技术要求应满足表 4-1 中的规定。

分段支承悬挑脚手架的搭设顺序与普通钢管脚手架基本相同，只是连墙件的连接方法与分段支承点的连接需做特殊处理。

4. 支撑杆式悬挑脚手架搭设顺序

水平横杆→纵向水平杆→双斜杆→内立杆→加强短杆→外立杆→

表4-1 分段支撑杆式悬挑脚手架技术要求

允许荷载/ （N·m⁻¹）	立杆最大 间距/mm	大横杆最大 间距/mm	脚手板厚度为50 mm 时小横杆间距/mm
1000	2700	1350	2000
2000	2400	1200	1750
3000	2000	1000	1500

脚手板→栏杆→安全网→上一步架的横向水平杆→连墙杆→水平横杆
与预埋环焊接。

按上述顺序一层一层进行搭设，每段搭设高度以6步为宜，并在
下面支设安全网。

五、悬挑脚手架使用注意事项

1. 安全问题

悬挑脚手架的搭拆不仅是高处作业，有时可能还是"悬空"作
业，其安全问题尤为重要。施工时，除严格遵守《建筑施工高处作
业安全技术规范》（JGJ 80—2016）外，尚应注意以下几点：

（1）搭设前或进行支承设施安装时，若无其他安全防护设施，
首先要搭设安全网：拆架（包括拆除支承设施）时，应待上部拆除
完毕，再拆除安全网。

（2）严格掌握搭、拆架子的顺序。特别是扣件式钢管外悬挑支
承方案，要根据钢管的传力顺序依次搭设和拆除。

（3）"悬空"作业时，必须系安全带，且安全带的挂扣点必须牢
固可靠。

2. 搭架材料问题

用于搭设悬挑脚手架的材料，要严格进行选择；扣件式钢管脚手
架的材料，应按《建筑施工扣件式钢管脚手架安全技术规范》（JGJ
130—2011）中的规定进行选用。

3. 预埋件问题

对于分段支承悬挑脚手架的支承设施预埋件，土建施工时可在编制搭设方案时即做好设计和布置。预埋件的埋设要派专人在结构施工时进行。对于承受拉力的预埋件，要待混凝土强度达到设计强度70%以上才能受力。对海上作业无法预埋时，要在方案中制定出措施，需制作辅助器具的要提前进行计算和预制。

六、悬挑脚手架的检查、验收和使用管理

脚手架分段或分部位搭设完工后，必须按相应的钢管脚手架安全技术规范要求进行检查、验收，经检查、验收合格后，方可继续搭设和使用，在使用中应严格执行有关安全规程。

脚手架使用过程中要加强检查，并及时清除架子上的垃圾和剩余料，注意控制使用荷载，禁止在架子上过多集中堆放建筑材料。

悬挑脚手架安全检查评分表见表4-2。

表4-2 悬挑脚手架安全检查评分表

序号	检查项目		扣 分 标 准	应得分数	扣减分数	实得分数
1		施工方案	1. 未编制专项施工方案或未进行设计计算，扣10分 2. 专项施工方案未经审核、审批，扣10分 3. 架体搭设超过规范允许高度，专项施工方案未按规定组织专家论证，扣10分	10分		
2	保证项目	悬挑钢梁	1. 钢梁截面高度未按设计确定或截面形式不符合设计和规范要求，扣10分 2. 钢梁固定段长度小于悬挑段长度的1.25倍，扣5分 3. 钢梁外端未设置钢丝绳或钢拉杆与上一层建筑结构拉结，每处扣2分 4. 钢梁与建筑结构锚固处结构强度、锚固措施不符合设计和规范要求，扣5~10分 5. 钢梁间距未按悬挑架体立杆纵距设置，扣5分	10分		

表4-2（续）

序号	检查项目		扣分标准	应得分数	扣减分数	实得分数
3	保证项目	架体稳定	1. 立杆底部与悬挑钢梁连接处未采取可靠固定措施，每处扣2分 2. 承插式立杆接长未采取螺栓或销钉固定，每处扣2分 3. 纵横向扫地杆的设置不符合规范要求，扣5~10分 4. 未在架体外侧设置连续式剪刀撑，扣10分 5. 未按规定设置横向斜撑，扣5分 6. 架体未按规定与建筑结构拉结，每处扣5分	10分		
4		脚手板	1. 脚手板规格、材质不符合要求，扣5~10分 2. 脚手板未满铺或铺设不严、不牢、不稳，扣5~10分	10分		
5		荷载	1. 脚手架施工荷载超过设计规定，扣10分 2. 施工荷载堆放不均匀，每处扣5分	10分		
6		交底与验收	1. 架体搭设前未进行交底或交底未有文字记录，扣5~10分 2. 架体分段搭设、分段使用未进行分段验收，扣6分 3. 架体搭设完毕未办理验收手续，扣10分 4. 验收内容未进行量化，或未经责任人签字确认，扣5分	10分		
		小计		60分		
7	一般项目	杆件间距	1. 立杆间距、纵向水平杆步距超过设计或规范要求，每处扣2分 2. 未在立杆与纵向水平杆交点处设置横向水平杆，每处扣2分 3. 未按脚手板铺设的需要增加设置横向水平杆，每处扣2分	10分		

表4-2（续）

序号	检查项目		扣 分 标 准	应得分数	扣减分数	实得分数
8	一般项目	架体防护	1. 作业层防护栏杆不符合规范要求，扣5分 2. 作业层架体外侧未设置高度不小于180 mm的挡脚板，扣3分 3. 架体外侧未采用密目式安全网封闭或网间不严，扣5~10分	10分		
9		层间防护	1. 作业层脚手板下未采用安全平网兜底或作业层以下每隔10 m未采用安全平网封闭，扣5分 2. 作业层与建筑物之间未进行封闭，扣5分 3. 架体底层沿建筑结构边缘，悬挑钢梁与悬挑钢梁之间未采取封闭措施或封闭不严，扣2~8分 4. 架体底层未进行封闭或封闭不严，扣2~10分	10分		
10		构配件材质	1. 型钢、钢管、构配件规格及材质不符合规范要求，扣5~10分 2. 型钢、钢管、构配件弯曲、变形、锈蚀严重，扣10分	10分		
		小计		40分		
检查项目合计				100分		

第二节 满堂脚手架

满堂脚手架是指舱、室内平面满设的，纵、横方向均超过3排立杆的整体落地式脚手架。满堂脚手架适用于建筑物大厅的顶层现浇混凝土施工、装饰，也适用于平台、船舶的甲板安装、涂装作业等施工。荷载除本身自重外，还有施工作业面上的施工荷载。

满堂脚手架在用作模板支撑或用于平台、船舶上安装使用，且架子上需放置部分较重构件时，应根据荷载、支撑高度、使用面积等对脚手架的结构进行计算。

一、满堂脚手架的结构

扣件式钢管满堂脚手架由立杆、纵向水平杆、横向水平杆、剪刀撑等组成。一般情况下平顶施工和设备安装满堂脚手架的结构参数可参照表4-3，抹灰施工满堂脚手架的结构参数可参照表4-4。

表4-3 平顶施工和设备安装满堂脚手架的结构参数 　　　　m

用途	立杆纵横间距	横杆竖向步距	水平剪刀撑的设置	操作层小横杆设置	靠墙立杆离开墙面的距离	脚手板的铺设	
						架高4 m以内	架高大于4 m
一般装饰用	≤2	≤1.7	两侧每步一道，中间每两步一道	≤1.0	0.5~0.6	板间空隙不大于0.2	满铺
承重较大时	≤1.5	≤1.4	两侧每步一道，中间每两步一道	≤0.75	根据需要定	满铺	满铺

表4-4 抹灰施工满堂脚手架的结构参数 　　　　m

立杆纵横间距	横杆竖向步距	纵向水平拉杆设置	操作层小横杆间距	靠墙立杆离开墙面的距离	脚手板的铺设	
					架高4 m以内	架高大于4 m
≤2	≤1.7	两侧每步一道，中间每两步一道	≤1.0	0.5~0.6	板间空隙不大于0.2	满铺

二、扣件式钢管满堂脚手架的搭设顺序

扣件式钢管满堂脚手架的搭设应横平竖直、整齐清晰、间距均匀、平竖通顺、受荷安全、有安全操作空间、不变形、不摇晃。其搭

设顺序如下：

铺设垫板→摆放纵向扫地杆→逐根树立杆（随即与纵向扫地杆扣紧）→安放横向扫地杆（与立杆或纵向扫地杆扣紧）→安装纵横向水平杆→安装立杆→安装斜撑和剪刀撑→铺脚手板→安装护栏和挡脚板→立挂安全网。

三、扣件式钢管满堂脚手架的搭设方法

（1）先将地面夯实拍平或提前做好地面垫层。立杆底座根据土质情况，铺设有足够支承面积的垫板。垫板宜采用长度不小于两跨、厚度不小于 50 mm 的木垫板，也可以采用槽钢。如在平台、船舶的甲板、舱室内施工，只需垫好垫板防止滑移，垫板的长短应视环境而定，以每块板跨两根立杆为宜，太长会因甲板的弧形坡向而垫不平，太短又容易滑移。

（2）摆放纵、横向扫地杆，按定位依次竖起立杆，将立杆与纵、横向扫地杆连接固定，然后安装第一步纵向水平杆和横向水平杆，随即校正立杆垂直并予以固定，必要时搭设临时抛撑杆，并按此要求继续向上搭设。斜撑和剪刀撑随立杆、纵横向水平杆的搭设同步搭设。

（3）横杆与立杆采用直角扣件连接，剪刀撑与立杆和横杆采用旋转扣件连接，剪刀撑采用旋转扣件纵向接长，斜撑尽量用直角扣件与横杆连接。

（4）四角设抱角斜撑，四边设置剪刀撑，中间每隔 4 排立杆沿纵长方向设一道剪刀撑，剪刀撑均须由底到顶连续设置。

（5）高于 4 m 且承重较大的平顶施工脚手架，其两端与中间每隔 4 排立杆从顶层开始向下每隔两步设置一道水平剪刀撑。

（6）低层装修用的脚手架，可在四角设一道包角斜撑，中间每隔 4 排立杆设置一道剪刀撑，顶面设一道水平剪刀撑。如在舱室内舱壁呈弧形无法设置剪刀撑的地方，要沿脚手架四周每隔两步三跨设一根顶墙杆，顶墙杆应用直角扣件与立杆连接，长度不小于两跨。

（7）脚手架搭设到规定标高后，铺设脚手架，安装防护栏杆和

挡脚板，最后立挂安全网。

四、满堂脚手架搭设注意事项

（1）满堂脚手架搭设高度不宜超过 36 m，施工层不得超过一层。

（2）满堂脚手架立杆的构造应符合以下要求：①每根立杆底部宜设置底座或垫板；②脚手架必须设置纵、横向扫地杆，纵向扫地杆应采用直角扣件固定在距钢管底端不大于 200 mm 处的立杆上，横向扫地杆应采用直角扣件固定在紧靠纵向扫地杆下方的立杆上；③脚手架立杆基础不在同一高度上时，必须将高处的纵向扫地杆向低处延长两跨与立杆固定，高低差不应大于 1 m，靠边坡上方的立杆轴线到边坡的距离不应小于 500 mm。

（3）立杆接长接头必须采用对接扣件连接。

（4）满堂脚手架应在架体外侧四周及内部纵、横向每 6 ~ 8 m 由底至顶设置连续竖向剪刀撑。当架体搭设高度在 8 m 以下时，应在架顶部设置连续水平剪刀撑；当架体搭设高度在 8 m 及以上时，应在架体底部、顶部及竖向间隔不超过 8 m 分别设置连续水平剪刀撑。水平剪刀撑宜在竖向剪刀撑斜杆相交平面设置。剪刀撑宽度应为 6 ~ 8 m。

（5）剪刀撑应用旋转扣件固定在与之相交的水平杆或立杆上，旋转扣件中心线至主节点的距离不宜大于 150 mm。

（6）满堂脚手架的高宽比不宜大于 3，当高宽比大于 2 时，应在架体外侧四周和内部水平间隔 6 ~ 9 m、竖向间隔 4 ~ 6 m 设置连墙件与建筑结构拉结。当无法设置连墙件时，应采取设置钢丝绳张拉固定等措施。

（7）最少跨数为 2、3 跨的满堂脚手架，宜按《建筑施工扣件式钢管脚手架安全技术规范》（JGJ 130—2011）的规定设置连墙件。

（8）当满堂脚手架局部承受集中荷载时，应按实际荷载计算并局部加固。

（9）满堂脚手架应设爬梯，爬梯踏步间距不得大于 300 mm。

（10）满堂脚手架操作层支撑脚手板的水平杆间距不应大于 1/2

跨距，脚手板的设置应符合《建筑施工扣件式钢管脚手架安全技术规范》（JGJ 130—2011）的有关规定。

（11）满堂脚手架的支撑架应根据架体的类型设置剪刀撑，并应符合下列规定：

普通型水平、竖向剪刀撑：①在架体外侧周边及内部纵、横向每 5 ~ 8 m，应由底至顶设置连续竖向剪刀撑，剪刀撑宽度应为 5 ~ 8 m，如图 4 - 3 所示；②在竖向剪刀撑顶部交点平面应设置连续水平剪刀撑。对支撑高度超过 8 m，或施工总荷载大于 15 kN/m²，或集中线荷载大于 20 kN/m 的支撑架，扫地杆的设置层应设置水平剪刀撑。水平剪刀撑至架体底平面距离与水平剪刀撑间距不宜超过 8 m。

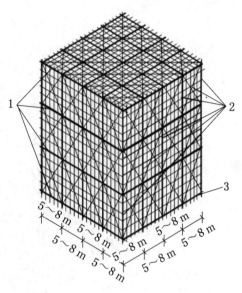

1—水平剪刀撑；2—竖向剪刀撑；
3—扫地杆设置层

图 4 - 3　普通型水平、竖向剪刀撑布置

加强型水平、竖向剪刀撑：
①当立杆纵、横间距为 0.9 m × 0.9 m ~ 1.2 m × 1.2 m 时，在架体外侧周边及内部纵、横向每 4 跨（且不大于5 m），应由底至顶设置连续竖向剪刀撑，剪刀撑宽度应为 4 跨；②当立杆纵、横间距为 0.6 m × 0.6 m ~ 0.9 m × 0.9 m 时，在架体外侧周边及内部纵、横向每 5 跨（且不小于 3 m），应由底至顶设置连续竖向剪刀撑，剪刀撑宽度应为 5 跨；③当立杆纵、横间距为 0.4 m × 0.4 m ~ 0.6 m × 0.6 m 时，在架体外侧周边及内部纵、横向每 3 ~ 3.2 m 应由底至顶设置连续竖向剪刀撑，剪刀撑宽度应为 3 ~ 3.2 m；④在竖向剪刀撑顶部交点平面应设置水平剪刀撑，扫地杆的设置层水平剪刀撑的设置应符合规定，水平剪刀撑至架体底平面距离与水平剪刀撑间距不宜超过 6 m，剪刀撑宽度应为

3 ~ 5 m，如图 4 – 4 所示；⑤竖向剪刀撑斜杆与地面的倾角应为 45°~ 60°，水平剪刀撑与支架纵（或横）向夹角应为 45°~ 60°；⑥满堂支撑架的可调底座、可调托撑螺杆伸出长度不宜超过 300 mm，插入立杆内的长度不得小于 150 mm。

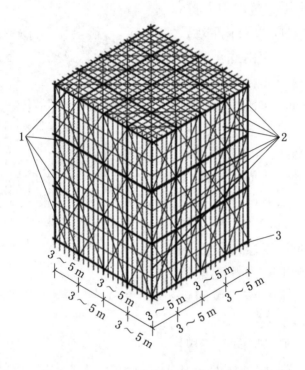

1—水平剪刀撑；2—竖向剪刀撑；3—扫地杆设置层

图 4 – 4　加强型水平、竖向剪刀撑布置

五、满堂脚手架的拆除

1. 准备工作

脚手架拆除作业的危险性大于搭设作业，在进行拆除工作之前，必须做好准备工作。

（1）当工程施工完成后，必须经单位工程负责人检查验证，确认脚手架不再需要后，方可拆除。脚手架拆除必须有施工现场技术负责人下达正式通知。

（2）较大型的满堂脚手架拆除应制定拆除方案，并向操作人员进行技术交底。

（3）全面检查脚手架是否在施工过程中受到损坏，整体是否安全牢固。如有重要受力杆件受到损坏，应先加固再按程序拆除。

（4）拆除前应清理脚手架上的材料、工具和杂物，清理地面障碍物。

（5）拆除脚手架现场应设置安全警戒区域和警告牌，并派专人看管，严禁非施工作业人员进入拆除作业区内。

（6）应严禁单人进行拆除作业。

2. 拆除顺序

（1）脚手架的拆除顺序与搭设顺序相反，后搭的先拆，先搭的后拆。

（2）对扣件式钢管脚手架的拆除，应自上而下逐层进行，严禁上下同时作业。拆除顺序为：安全网→挡脚板→脚手板→扶手（栏杆）→剪刀撑→横杆→斜杆→立杆→……→立杆底座。

（3）严禁将拆卸下来的构配件及材料从高空向地面抛掷，已吊运至地面的材料应及时运出拆除现场，以保持作业区整洁。

（4）对扣件式钢管脚手架，拆至下部最后一根立杆高度时，应在适当位置先搭设临时抛撑加固后，再进行拆除作业。

（5）对扣件式钢管脚手架，拆除立杆时，应把稳上部，再松开下端的连接扣件，然后取下立杆；拆除横杆时，应两人配合松开连接后，水平托举取下。

（6）拆下的脚手架材料及构配件，应及时检验、分类、整修和保养，并按品种、规格分类堆放，以便运输、保管。

六、满堂脚手架的检查与验收

平顶、抹灰施工用扣件式钢管满堂脚手架搭设的技术要求、允许偏差与检验方法见表4-5。

表4-5　扣件式钢管满堂脚手架搭设的技术要求、允许偏差与检验方法

序号	项　目		技术要求	允许偏差/mm	检验方法与工具
1	立杆基础	表面	坚实平整	—	观察
		垫板	不晃动		
		底座	不滑动		
			不沉降	-10	
2	立杆垂直度	最后验收垂直度偏差（$H = 2 \sim 10$ m）	—	$\pm 7 \sim \pm 50$	用经纬仪或吊线和钢卷尺
3	间距	步距	—	± 20	钢直尺
		柱距		± 50	
		排距		± 20	
4	纵向水平	一根杆的两端	—	± 20	水平仪或水平尺
		同跨度内、外纵向水平杆高差		± 10	
5	横向水平杆外伸长度		外伸 500 mm	50	钢直尺
6	剪刀撑斜撑与地面的倾角		$45° \sim 60°$		角尺
7	脚手板外伸长度 a	对接	130 mm$\leq a \leq$150 mm 且支承杆间距$\leq$300 mm	—	钢卷尺
		搭接	$a \geq$100 mm 且脚手架搭接长度$\geq$200 mm		
8	扣件安装	主节点处各扣件距主节点的距离	$\leq$150 mm	—	钢直尺
		同步立杆上两个相邻对接扣件的高差	$\geq$500 mm		钢卷尺
		纵、横向水平杆上对接扣件距主节点的距离	$\leq$立杆间距/3		钢卷尺
		扣件螺栓拧紧力矩	$40 \sim 60$ N·m		扭力扳手

86

第五章　高处悬挂作业

高处悬挂作业是替代传统脚手架的一种高处作业，广泛应用于高层及多层建筑施工中的外墙面装修、装饰、清洗等作业中，在海洋石油生产设施作业中，特别是浮式生产储油装置以及平台上一些大型模块墙体的维护和保养等，都涉及高处悬挂作业。高处悬挂作业能在建筑外形变化较大、不规则建筑、施工环境狭小处进行，并在加快工程进度、提高工程质量等方面发挥巨大作用。

为加强高处悬挂作业施工的安全管理，保障高处悬挂施工安全，保护作业人员生命安全和健康，预防和减少高处悬挂作业事故，应不断增强操作人员的安全意识，提高高处悬挂作业人员的操作技能。

第一节　高处悬挂作业的定义及人员要求

高处悬挂作业是指以悬挂方式从事高层建筑物外墙清洗、装修、维护、装饰等作业。在海洋石油作业设施和生产设施上，也可能是悬空在建筑物或设施设备下面为了完成某项特定作业内容的高处作业。

作为高处作业其中之一的高处悬挂作业，对作业人员有如下要求：

（1）年龄满18周岁。

（2）身体健康，无妨碍从事高处悬挂作业的疾病和主要缺陷。

（3）初中以上文化程度，并且具备相应工种的安全技术知识和技能，培训后经安全技术理论和实际操作考核成绩合格，并取得特种作业人员操作证。

（4）符合相应工种作业特点需要的其他条件。

（5）酒后、过度疲劳、情绪异常者不得上岗。

第二节 高处悬挂作业设备及其结构

一、高处悬挂作业设备

1. 作业吊篮

作业吊篮具有多种类型和品种，材质也多有不同，相应的其基本组成和结构也有所不同。此处介绍两种有代表性的作业吊篮。

1）非常设式吊篮（暂设式吊篮）

非常设式吊篮不固定在某个建筑结构上，而是为了完成某项在规定时间需要完成的工作，相对来说使用周期较长，如图5-1所示。其基本组成包括四部分：吊篮平台、悬挂机构、提升钢丝绳、提升机构。

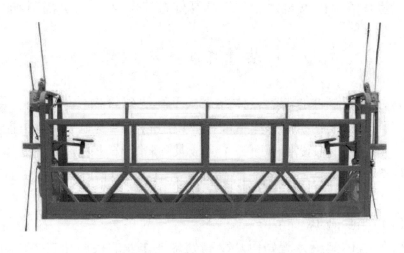

图5-1 非常设式吊篮

由于吊篮平台的水平横移一般靠在其上作业的人力进行，因此此类悬挂吊篮多为只有吊篮平台升降的操纵装置，而没有横移的操纵装置。

2）常设式吊篮

常设式吊篮是把吊篮作为建筑物或结构设施的一种永久性附属设备。对于较大型的悬挂机构，其横移可以靠外部动力进行，因此具有升降和横移的操纵装置，是一种结构完整、功能较完善的作业吊篮设备。由于海洋石油设施所处环境的特殊性，其后续的维护保养需要额外投入更多的精力，所以此类吊篮在海上设施很少见。

2. 坐式登高板

受建筑物或结构设施的结构限制，不能搭建脚手架或使用悬挂设备时，可以考虑使用坐式登高板，如图 5−2 所示。

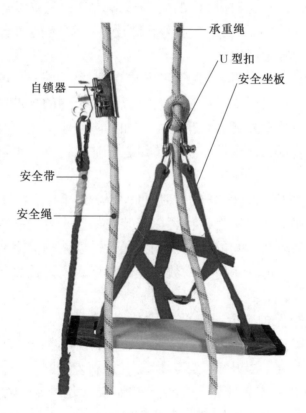

图 5−2　坐式登高板

由于此类作业对于绳索的要求非常高，并且对作业人员的实际操作技能要求非常严格，因此往往在作业前的安全分析会上，要讨论其使用的必要性，如果有其他更好的方案，则此方案不作为优选方案。

二、高处悬挂作业设备的基本结构

1. 作业吊篮

作业吊篮一般由以下五个部分组成。

（1）悬挂机构。悬挂机构通过钢丝绳悬挂平台架设在建筑物或结构设施上，可作为有动力或无动力的装置。悬挂机构一般安装在建筑结构顶部，其前端伸出结构物之外，通过吊臂挂有绳索吊篮（用于悬挂吊篮平台）；悬挂机构的后端通常装有一定重量的配重块，或者另有绳索（锚固索）或其他连接件拴在建筑结构的合适部位，以防止悬挂机构发生倾覆。

（2）吊篮平台。吊篮平台四周装有护栏，是进行高处悬挂作业的悬挂装置。不同形式的吊篮平台可以按照不同的规定挂在从悬挂机构前端垂下的单根或者多根吊索上。如升降作业吊篮，其吊篮平台上还设有操纵装置；如果提升机构不设在悬挂机构上，也可以设在该平台上。

（3）提升机构。提升机构是使吊篮平台上下运行的传动机构。它可以安装在悬挂机构上，也可以安装在吊篮平台上；提升机构可以采用不同的动力和不同的传动机构，通过吊索使吊篮平台升降。不同形式的吊篮平台可采用一台或数台提升机构，通过操纵装置进行升降操纵。

（4）安全保护装置。安全保护装置是保障作业吊篮安全的专门自动装置。按其功能不同，安全装置有多种不同类型，并分设于悬挂机构、吊篮平台、提升机构或者操纵、控制装置的不同部位。

（5）操纵、控制装置。操纵、控制装置是用来操纵或者控制作业吊篮的各种运动连锁控制和安全控制的部分。吊篮平台升降的操纵装置设于该平台上，由作业人员自行操纵；而建筑结构墙面悬挂机构横移动作的操纵装置则设在建筑结构顶部或吊篮平台上，或者两者同时都设置。

2. 坐式登高板

坐式登高板一般由以下几个部分组成。

（1）吊板：由防滑坐板、吊带组成。吊板是高处作业人员坐在上面工作的组件。

（2）下滑扣：连接吊板与工作绳的构件。

（3）活络节：能使吊板向下滑行或固定的一种绳结。

（4）安全带：防止高处作业的操作者发生坠落伤亡事故的防护用品，一般采取五点式的全身式安全带。安全带由缓冲绳、安全带组件和金属配件组成。

（5）生命绳：独立悬挂于建筑结构的顶端部位，通过自锁钩、安全带与作业人员连在一起，防止作业人员坠落的绳索。切记不可将安全带直接挂在作业吊板上。

（6）自锁钩：装配在安全带上，当人体发生坠落时，能够瞬间卡住生命绳的器件。

三、作业环境要求

（1）环境温度 -10 ~ 40 ℃。

（2）空气相对湿度不超过90%。

（3）架设、拆卸、使用吊篮和坐式登高板的环境条件：①作业人员工作处风速小于 10.8 m/s（相当于阵风 6 级）；②无大雾、暴雨、大雪等恶劣气候；③照明度大于 150 lx；④距离高压线大于 10 m。

第三节 高处悬挂作业安全规定

吊篮设备的运转操作和检查中的事故，几乎都是因为不遵守安全注意事项及规则而引起的。只要事先认识到可能发生的危险情况并提出防范措施，事故都能避免发生。因此要求使用者必须先认真阅读安全注意事项全部内容后再操作。

吊篮设备的操作者及管理人员应充分了解国家和地方政府规定的有关吊篮设备运转操作的基本安全注意事项，并必须经过专门培训、考核合格后，取得特种作业人员操作证，才可以独立上岗指挥和运行操作。

（1）参加特种作业的安全技术培训。

吊篮设备的操作人员要参加吊篮作业的安全技术培训并取得安全生产监督管理部门颁发的特种作业人员操作证，方可在有效期内进行作业。同时要求吊篮操作人员必须身体健康。

（2）严格遵守载荷规定。

吊篮设备上载重超过规定载荷时不要使用。如果超过载荷使用，则可能会发生吊篮倾斜或钢缆断裂、损伤、拉长事故。吊篮平台里的载荷应分布均匀。

（3）吊篮内禁止使用梯凳。

吊篮不应作为材料或人员的运送设备。吊篮平台上不应堆放规定使用之外的材料，不应架设和使用梯子、高凳、高架，也不应另设吊具运送材料。

（4）禁止离开操作岗位。

吊篮操作人员在使用吊篮设备期间不得离开操作岗位。如果离开操作岗位，必须切断电源，必要时要上锁挂牌警示，以防误动作或无关人员触动而引发事故。

（5）严格遵守规定的手势和对讲机指令。

使用吊篮设备进行工作时，对操作吊篮设备要遵守一定的手势。操作负责人应指派一名手势人员，并让其用手势联系。使用对讲机并结合手势在海洋石油作业设施和生产设施上应用比较广泛，并且发挥了重要作用。

（6）戴好安全帽，系好安全带和安全绳。

操作时一定要系好安全带和安全绳，并戴好安全帽，否则随时会发生伤亡事故。严禁安全绳与吊篮连接。

（7）禁止无关人员进入操作区域。

在使用吊篮设备进行操作的施工现场下方，必须禁止无关人员擅自入内，并将标识放在容易看到的地方。海洋石油作业设施和生产设施上，此类作业还需要结合广播通知、作业区域隔离、声光警示等措施，以确保作业过程中不会受到其他人员或作业的影响。

（8）禁止在恶劣天气下操作。

在大风（10 min 内的平均风速在 10.8 m/s 以上）、大雨（阵雨降雨量在 5.0 mm 以上）、大雪（阵雪积雪量在 25 mm 以上）、大雾等恶劣天气情况下，要停止操作。

（9）确保作业能见度。

在光线不足的环境下操作时，要准备好安全操作所需的照明（照度不小于 150 lx）。

第四节　高处悬挂作业人员的安全操作规程

（1）一般吊篮应由两人协同进行作业，一人操作升降时，另一人协助观察行程范围内的障碍物情况、平台的倾侧情况等（除吊椅、单人吊篮外）。

（2）除直接作业人员外，施工现场应指定专门人员（如值班的安全管理人员、架设人员、机修人员等）负责在吊篮发生故障等危急情况下进行妥善处理（或指挥妥善处理），该人员至少必须具备有关条文中规定的资格，且具有更熟练、更全面的技术知识和安全知识。

（3）建议佩戴当班标记。建议对当天当班的作业人员、架设人员、安全管理人员除应随身携带安全生产监督管理部门颁发的特种作业人员操作证外，还应佩戴当天发的当班标记，以便当班前对具有资格的人员进行进一步审定是否适宜投入作业。

（4）上下吊篮时禁止跳上跳下。一定要在吊篮着地放稳后方可上下。要求从有阶梯和扶手的地方上下吊篮。从吊篮上跳下来，或者跳过女儿墙进入吊篮都是危险的。不得手提用具上下吊篮，用具的拿进拿出应用手传递。

（5）防止发生伤害他人的事故。操作中使用的用具等要用工具安全带系在安全带上。操作中使用的放在吊篮底板上的物品要用安全绳索绑扎紧，防止坠落。

（6）禁止放开制动器。除了紧急情况用手动摇柄操作外，不得放开制动器，否则吊篮有可能出乎意料地下降，并造成人身伤亡事故或其他重大事故。在把手动摇柄插入之前，不得放开电磁制动器；当电磁制动器复位后，方可将手动摇柄取下来，否会受伤或造成事故。

（7）发现异常时禁止运转。正在使用的吊篮设备如发生异常振动、异常声音、异常气味时，应立即停止使用，并切断电源，立即与有关部门联系修理。

（8）通电时禁止触摸控制盘等处。通电时绝对不能触摸控制盘等部位，否则有触电危险。

（9）禁止连接电器、仪器等。吊篮设备的电气部件上不得连接其他电器、仪表等，否则容易发生故障。

（10）操作时不要同时按动两个以上的开关。

（11）超速锁已由生产厂家在出厂前按行业标准规定的试验条件对其技术性能和各项参数进行了调节，不得擅自拆装，应指定专业人员保养及维修。严禁非吊篮作业人员随便启动、使用和拨弄，未经培训的吊篮维修人员、不熟悉超速机构者，均不得擅自拨弄和拆装。

如果碰脱超速锁上复位拨杆，吊篮平台不能下降时，应立即停止下降。然后将提升机向上提升一段距离，使超速锁钢丝绳卸荷，再轻轻扳动释放手柄，以免影响钳块寿命，损坏超速锁，造成伤亡事故。

吊篮平台正常运行时，如发现超速锁误动作，只能按上面的方法进行操作，严禁将超速锁手柄用物体撑起后作业。

（12）吊篮平台运行时，作业人员不得进行施工操作，并密切注意周围情况，发现异常应立即切断电源。

（13）在吊篮上进行电焊作业时，应做好绝缘保护措施，不得用钢丝绳作为电焊接地线使用。

第六章 海洋石油典型高处作业

海洋石油作业设施和生产设施往往远离大陆，由于作业环境以及其他诸多因素的影响，其横向所占面积的设计有限，很多环节会尽量采取纵向叠加方式。还有一些作业设施，其本身作业的特点决定了它只能是纵向设计，例如井架、平台的各层甲板之间，而这些作业设施的日常工作以及后续的维护保养、维修改造往往都会涉及高处作业的内容。由于其作业的特殊性，多数情况下的高处作业不能通过传统的搭设脚手架来实现，或者说还可以采取其他更安全、更便捷、更先进的一些高处作业方式。本章根据海洋石油作业设施和生产设施的独特性，结合现场一些典型设施需要进行高处作业的情况，进行逐一阐述，既是对初次出海作业人员的一次有关高处作业的知识普及，也是对已有一定出海经验作业人员的一次实践的总结。

第一节 海洋石油高处作业安全要求

一、海洋石油高处作业一般通用安全规定

（1）作业人员应穿戴好适宜的防护用品，必须正确佩戴和使用安全带，安全带坚持"高挂低用、挂点就近"的原则，挂点应安全可靠。

（2）当高处作业中无适宜的安全带挂点时，必须安装安全生命索，安全生命索上每个系挂点应保证能承受足够的冲击力。

（3）高处作业时，如具备条件应加装安全网。安全网应完好无损、牢固可靠。

（4）作业人员与地面人员应根据事先规定好的通信方式进行联系，并由专人（监护人）负责。

（5）作业人员使用的工具、材料应系好安全绳索并拴在固定的构件上，或者放在专用的工具袋和工具箱内，不得上下投掷，笨重工具、材料等应经安全通道或用提升缆绳运送。

二、梯子作业的一般安全管理要求

（1）在使用时，可移动梯子必须放置稳固，与地面夹角以60°～70°为宜；可移动梯子顶端应与建（构）筑物靠牢，底端应放置在坚固的底座上。

（2）在混凝土地面或坚硬光滑的地面、甲板上使用时，可移动梯子的梯脚应有橡皮套或防滑垫，同时必须有专人（监护人）扶持。

（3）不得将可移动的梯子架设在易滑动的木箱或不稳固的支持物上。若不能稳固放置，不得实施登高作业。

（4）不得使用过长或有缺陷损坏的梯子，如梯子过短也不得用铁卡子、夹板或绳索等接长使用，必须用合适尺寸和规格的梯子或合适的专业工作台代替。

（5）在通道上使用梯子时，应设监护人或临时护栏。在门前使用时，应锁闭隔离该门，并有相应的警告提示。

（6）在转动机器附近使用梯子时,梯子与机械的转动部分之间应设置临时防护隔离设施,并挂牌和封锁该工作区域,严禁无关人员进出。

（7）严禁两人同时站在同一梯子上进行工作。若梯子上有人，严禁移动梯子。

（8）作业人员不得站在直梯的最高两挡，并且不得向外探身。

（9）在电气设备上或附近区域工作时，绝不允许使用金属梯子。

（10）人字梯应有坚固、灵活的铰链，应有限制张开角度的拉链，且不能临时作为直梯使用。

（11）严禁手持工具或物体上下梯子。

第二节　钻井平台高处作业

对于海洋石油钻井平台来说，钻井井架（图 6 - 1）往往是平台的最高建筑结构。而对于钻井来说，起下钻时往往需要人员爬上二层甲板进行钻杆的扶正、归位、整理等作业，如果遇到特殊作业情况，需要更多的人员参与故障的排除，这就涉及爬井架的高处作业。根据井架规模不同，所要登高的平台高度从几米到十几米不等，而这种高处作业又不能采用传统的搭设脚手架方式来实现，通常采用直梯。根据整体高度不同，有的作业平台可以通过一个直梯直接到达；如果高度很高，往往采用多节直梯不在同一垂直线上的方式到达所要工作的平台，如图 6 - 2 所示。

图 6 - 1　钻井井架

图 6-2 直梯与作业平台

在钻采一体海洋石油作业设施和生产设施上，钻井井架往往是整个设施最高的建筑结构。由于作业需要，井架上设计了不同层面的作业平台，而最高的一层平台，通常也是作业人员所能到达的或者能够作业的整个设施的最高点，其垂直高度的大小直接决定了井架相关高处作业的风险，是钻井作业人员必须知晓的风险，也是钻井作业人员高处作业所必需的。因此经过理论知识培训和实践操作演练合格后方可正式进行井架高处作业。

井架高处作业需要考虑以下安全要求：

（1）高处作业人员身体健康，没有恐高症等影响井架高处作业的心理情况。

（2）高处作业人员具有胜任自己岗位所要求的高处安全理论知识和技能。

（3）高处作业人员获得了主管批准的高处作业许可。

（4）当时的气象条件是否适合高处作业，如有雷电天气，则不可进行井架的高处作业，大风、冰冻、冰雪等气象条件下要严格限制高处作业。

（5）如遇钻井等紧急事故需要应急而要求的高处作业，必须有正式的足够的工作安全分析，并且所有的防范措施准备到位，得到海洋石油作业设施经理或者钻井经理的书面批准后方可进行。

（6）高处作业人员穿戴了合适的劳保用品，至少应该包括：全身式的安全带、安全帽、安全眼镜、非松散的工作服、带钢头的防滑工作鞋、合适的手套。如果钻井井架作业环境中的噪声超过 82 dB，还应佩戴合适的听力保护装置（通常是耳塞或耳罩）。

（7）登上井架工作平台的直梯必须全程安装了护笼。

（8）直梯到达的每一层工作平台，直梯上端必须超出工作平台合适的高度，以方便高处作业人员能够有足够安全登上工作平台手能抓牢的直梯结构。

（9）每一节直梯的上端需装配足够本节直梯攀登中所需长度钢丝绳的差速式防坠器（图 6 - 3）。

（10）高处作业人员在直梯上攀登时，手里禁止携带任何东西。

（11）高处作业人员在攀登过程中，必须遵守"三点"同时在梯子上的安全原则。

（12）当涉及不止一人高处作业的情况，每一节直梯上，同时攀登的人员只能有一人。严格禁止同一直梯上有多人同时攀登的行为。

图 6 - 3　差速式防坠器

（13）高处作业人员所用的工具或设备，必须是人员到达了预定工作平台后，通过绳索或者滑轮等工具将工具包或设备吊到预定工作平台。并且，在吊升工具和设备时下方配合人员不得站在坠落半径的范围之内，所有的工具和设备必须放在合适的工具包和工具箱内，且在吊升过程中不会因为受到撞击或阻拦而发生工具和设备掉出、坠落情况。

（14）高处作业人员在登高或者下降时，必须先将防坠器的安全钩挂在自己全身式的安全带的背部安全钩上。

（15）当高处作业人员攀登或下降到指定工作平台后，如果需要继续攀登或下降，则首先要将安全带背部的安全环与对应的直梯设计的差速式防坠器相连接，不得省略。

（16）高处作业人员在攀登或下降之前，要尽可能清理鞋底所带的油污，以防止攀登直梯过程中脚底打滑从而发生坠落风险。

（17）高处作业人员到达预定的工作平台后，要将安全带的安全钩挂在合适高度的固定结构上。如果可行，在作业平台上方的固定结构上也要装合适尺寸的差速式防坠器。

（18）差速式防坠器的安装位置和高度，要充分考虑对钻井相关作业内容的影响。

（19）防坠器安装后，要定期检查和维护。对于差速器有缺陷，不能立刻刹死钢丝绳，或者钢丝绳有任何缺陷的，都要禁止继续使用，并及时更换新的差速器。

总之，井架高处作业是一项风险相对较高的作业，一旦发生人员坠落或者物体坠落，都可能造成严重事故。所以，对于此类高处作业，安全措施到位以及相关领导的监管，切实保证相关的作业程序和安全保障措施落到实处是非常重要的。

第三节　海上设施直梯作业

在海洋石油作业设施和生产设施上，还有一些建筑结构，它们的设计是整个工艺流程中所必需的，所以其形状和尺寸要设计成高塔的样子，例如浮式生产储油装置上的脱氧塔、冷却塔、油水分离器等，如图6-4所示。这些结构的正常运行状态或者维修保养过程中，多多少少会要求有人员介入，例如塔式结构的外观检测与无损探伤、压力表的检查维修与更换等，都要求人员参与，而这些作业内容又会涉及高处作业。有的只需要攀登既有的直梯到达预定的工作层面，有的可能还需要搭设脚手架进行维修保养，还有的可能涉及绳索作业或者吊篮作业。本节重点介绍高塔设施直梯的作业。

图 6-4　海上高塔型设备

如前一节钻井平台高处作业的介绍，海洋石油作业设施和生产设施上的高塔登高作业，涉及最多的还是直梯登高作业。根据塔式结构的用途不同以及设计要求不同，其形状和高度也不同。直梯登高作业需要考虑的安全要求有：

（1）直梯的设计必须是具有足够强度的合适型号的钢结构直梯。

（2）必须有防腐蚀涂层的保护。对于投入使用后，发现防腐蚀涂层损坏、围栏缺失的，尤其是直梯的受力结构，要及时进行汇报，尽快除锈、打磨进行防腐蚀处理，以防止金属结构在复杂的海洋气象条件下加快腐蚀而造成更大的隐患。

（3）直梯的设计位置要尽量放在舷内，而且尽量避开人员通道上方，以免发生人员头顶部撞击到直梯护栏或者工具撞击直梯护栏。

（4）高塔的直梯要根据塔体总高来设计，要考虑人员在利用直梯登塔作业过程中人的体力和疲劳周期，对于一些特别高的塔体，直梯的设计不宜一次性到顶。最好设计在直梯上行程中间位置有短暂休息的平台，上面每一节直梯与其下方直梯都不在同一竖直直线上，以避免在攀登过程中上下彼此之间的影响。

（5）人员攀登直梯过程中，同一节直梯上只能同时有一人，并且必须采取"三点"原则。

（6）人员攀登直梯时，手里不得携带任何设备或者工具。

（7）直梯顶端应设计有悬挂差速式防坠器的结构，并且具有足够的强度。

除顶部悬挂差速式防坠器外，还可以采取如图6-5所示的防坠落装置。这是一种新型的防坠器，在人员登高过程中任何一个高度，能够很轻松地将自己的安全带和坠落器的钢丝绳连在一起。

(a) 防坠器挂钩与安全带连接　　　　　　(b) 防坠器

(c) 防坠器挂点

图 6−5　直梯防坠落装置

第四节　浮式生产储油装置单点系泊系统高处作业

在海洋石油作业设施和生产设施中，浮式生产储油装置往往是一个油田或者平台群进行油气分离及初步处理的核心。

浮式生产储油装置是对开采的石油进行油气分离、处理含油污水、动力发电、供热、储存和运输原油产品，集人员居住与生产指挥系统于一体的综合性大型海上石油生产基地。与其他形式的石油生产平台相比，浮式生产储油装置具有抗风浪能力强、适应水深范围广、储/卸油能力大，以及可转移、重复使用的优点，广泛适合于远离海岸的深海、浅海海域及边际油田的开发，已成为海上油气田开发的主流生产方式。

我国海上油田采用的单点系泊系统有导管架塔式刚性臂系泊系统、固定塔式单点系泊系统、可解脱式转塔浮筒系泊系统和永久式转塔系泊系统四种。

本节重点介绍导管架塔式刚性臂系泊系统（图6-6）以及在其上的高处作业。

对于导管架塔式刚性臂系泊系统，浮式生产储油装置是借助系泊刚性臂连接到导管架上。系泊头安装在导管架顶部中央的将军头上。系泊头上安装有传输油、气、水的流体旋转头和一个转动轴承，它可以使生产储油轮和系泊刚性臂一起绕导管架转动。

系泊刚性臂是一个"A"字形钢管构架，其前端依靠横摇-纵摇绞接头与系泊头相连接，后端依靠系泊腿与生产储油轮的系泊构架连接；系泊刚性臂后的压载舱中装有防冻的压载液。当系泊系统处于平衡状态时，悬吊系泊刚性臂的系泊腿是垂直的；当生产储油轮由于环境力而移动时，系泊刚性臂被抬起，从而产生恢复力，迫使生产储油轮回到平衡位置。系泊腿的上、下端均用万向节分别与系泊构架和系泊刚性臂相连接；系泊刚性臂的前端和系泊头的连接是横摇-纵摇绞接头，再加系泊头上的转动轴承，这就使生产储油轮在风浪中能自由地进行所谓的六向运动（即纵摇、横摇、前后移动、升沉、漂移、摆艏）。

图6-6　导管架塔式刚性臂系泊系统

系泊刚性臂悬吊在海面以上，通过活动栈桥，人们可以从生产储油轮走到导管架上。油田产出的原油和天然气，从海底管道进入系泊头上的流体旋转头，分别输往生产储油轮。

不难看出，在此类单点系泊系统的结构中，通常也可以把它单独作为一个个体来研究，在功能上，又和船体构成了统一的整体。单点系泊系统的最高点往往也是整个系统中的最高点。由于其功能的特殊性，在整个系统中又有很多涉及高处作业的点，例如气象监测塔、雷达标等，这些设施设备的维护保养离不开人员的高处作业。

在单点系泊系统上进行高处作业要考虑以下安全管理要求：

（1）进入单点系泊系统，要开具相应的工作许可或者得到中控的许可。

（2）进入单点系泊系统作业的人员（图6-7），必须是两人及以上，不得一人单独前往单点系泊系统进行作业。

图6-7　进入单点系泊系统作业的人员

（3）进入单点系泊系统作业的人员，必须要有与中控能随时保持沟通的通信手段，包括对讲机、海上设施内部电话以及公共广播系统。这些在申请作业许可证的时候都要明确。

（4）进入单点系泊系统作业的人员，必须穿戴救生马甲。

（5）进入单点系泊系统作业的人员，要按照设施上人员管理的要求，将自己的T卡放在船头的T卡箱内。

（6）在单点系泊系统上进行高处作业，必须得到设施经理的书面许可，并且和船系主管领导沟通到位。涉及栈桥收回和起放的作业时间，必须关注天气预报和海况变化。

（7）单点系泊系统的高处作业，如果涉及有舷外作业的部门，除了遵照高处作业的有关安全要求之外，还必须按照舷外作业的安全要求进行安全措施的准备，包括守护船在附近海域待命，舷外作业下方海域没有其他交叉作业内容等。

第五节　海上吊车悬空吊臂高处作业

在海洋石油作业设施和生产设施中，吊车作为可移动的钢架架构，在海洋石油作业中发挥了举足轻重的作用。而吊车上人员所能到达的工作高度，往往也是设施上仅次于钻井井架最高点的位置。因此，对在其上进行的高处作业，同样需要安全风险分析和保证风险控制措施的到位。

海洋石油作业设施和生产设施上吊车（图6-8）的特点：①能

图6-8　海洋石油作业设施和生产设施上的吊车

以额定的起吊速度吊起额定负载，即有足够的功率；②能依照操作者要求方便灵敏地起落货物，即便于换向；③具有调速和限速功能，并需要相应的设置常闭式制动设备和某种机械性的固锁装置，以便有效制动和锁紧；④在起钩或放钩过程中，能根据需要随时停止，并制动货物。

海洋石油作业设施和生产设施上的吊车大多采用柴油加液压驱动，其基本组成有：吊车基座滚筒、旋转主轴承、扒杆、扒杆定滑轮组、扒杆动滑轮组、桅杆、大钩动滑轮组。这些基本组成结构中，有的需要定期维护保养，有的需要定期检查维修，海上吊车结构的特殊性决定了这些工作内容都涉及高处作业。本节重点介绍海上吊车悬空吊臂高处作业。

一、进入工作室的直梯作业

不难看出，吊车司机进入操作室的过程，就是我们前面介绍过的高塔直梯作业，其安全要求参照本章的第三节内容执行。

二、桅杆高处作业

桅杆的每一节平台都有直梯可以采用，按照之前的介绍，每一层工作平台连接的直梯设计成不在同一竖直直线上，以确保作业人员每到一层平台后能有短暂的休息，以恢复足够的体力来完成其他平台的高处作业。

在桅杆区域工作时，要充分考虑所使用的工具、设备发生坠落的风险。对于下方有人员经过或者有精密仪表等区域，必须按照高处作业的要求隔离下方以吊车为中心的坠落半径的区域，并且要加装警示标语，在不同的层面安排看护人员。

三、扒杆高处作业

当进行钢丝绳定滑轮组和动滑轮组检查、维保、维修，以及更换钢丝绳时，就不可避免地需要人员进入扒杆作业。进入扒杆的高处作业，必须保证扒杆是收回放到扒杆支撑架上，基本处于水平状态，如图6-9所示。

图6-9　高空中的扒杆

此外，还要考虑以下安全要求：

（1）吊车必须处于关闭状态。

（2）吊车的启动钥匙必须由吊车司机一人负责保管。

（3）吊车扒杆上的高处作业，必须申请高处作业的作业许可证，吊车司机必须参与风险分析，并明确高处作业的工期、时间安排，并考虑关键性的一些吊装和应急情况下的备选方案。

（4）吊车扒杆下方的区域必须进行隔离、警示，并安排专人巡视和看护。

（5）在扒杆设计的走道上行走时，如果不是全封闭式的两侧都有足够高度的护栏，高处作业人员必须穿戴带有双钩的全身式安全带，在人员行进过程中，必须保证至少有一个安全钩与扒杆上的固定结构相连接。

（6）如果涉及在扒杆上的热工作业，要同时进行高处作业和热工作业分析，并且采取足够的热工作业安全防护措施，以防明火飞溅。

（7）在扒杆上进行高处作业时，要妥善保管和放置所使用的工具和设备，防止发生高空坠物事故。

（8）如有不涉及扒杆的高处作业，则必须采用隔离上锁措施，以防止吊车司机意外启动吊车开始作业。

（9）在扒杆上进行高处作业时，要充分考虑整个海上设施物料吊装的需求，做好详细的工作计划，避免不能按时完成维修工作时，吊车不能及时回复，影响其他关键作业。

第六节　海洋石油平台载人吊篮作业

海洋石油设施与船舶之间人员的转运，往往需要借助于海上吊篮或吊笼来完成，如图6-10和图6-11所示。

图6-10　吊篮

一、吊篮搭乘安全要求

（1）搭乘吊篮的人数每次不得超过规定人数。

图 6-11　蛙式吊笼

（2）必须穿救生背心及适当的服装，将随身物品放在吊篮中央，不要携带工具和设备。

（3）站在吊篮外圈。如果两人同时搭乘吊篮，要站在相互对面的位置。

（4）双膝略微弯曲，随时准备吊篮突然运动。双手用力抓紧两侧的绳子。

（5）吊篮运动过程中人员不得变换位置。

（6）吊篮在甲板上停稳后，要先看清位置，找好放脚的地方，再松开手并离开吊篮。

（7）如果降落到平台或油轮上，要向医生报道登记。

二、蛙式吊笼搭乘安全要求

（1）搭乘蛙式吊笼的人数每次不得超过规定人数。

（2）必须穿救生背心及适当的服装，将随身物品放在吊笼右侧座椅旁的网兜内，不要携带工具和设备。

（3）坐在椅子上后，扣好安全带，调整肩和腰部带子的长短，使身体固定在座椅上。

（4）可将两手握住扶手，将双脚收回并保持在吊笼内。

（5）吊笼落地后，要先观察周围情况，再解开安全带并离开吊笼。

（6）注意取回自己的随身物品并将救生背心放回吊笼内。

（7）如果降落到平台或油轮上，要向医生报到登记。

第七节　海洋石油工作吊篮作业

海洋石油作业设施和生产设施上，除了主要用于人员运输的吊笼或吊篮之外，还有很多高处作业通过传统的搭设脚手架方法难以实现，或者需要花费很多的人力物力搭设特殊用途的脚手架。工作任务简单或紧急的工作情况下，使用工作吊篮不仅可以减少人力物力投入、缩短工期，而且可以减少因搭设超高脚手架产生的高风险。但是，使用吊篮同样是高风险作业，如果在使用过程中没有按照既定的作业安全要求来做，也会发生诸如人员撞击、设备撞击、身体部位夹挤甚至人员坠落事故。所以，使用工作吊篮时，要严格按照海上设施有关安全规定或程序进行。

一、工作吊篮的结构要求

海上设施所用的工作吊篮多为金属材质，封闭式的笼式结构，其尺寸多设计为 1~2 人的立式结构，用以完成空间有限或者临时性高处作业的内容，如图 6-12 所示。工作吊篮的结构需要考虑以下安全要求：

（1）必须具有足够的金属强度。

（2）顶部必须有金属板或金属网，以防止上方坠物对工作吊篮内作业人员造成伤害。

（3）四周的金属护栏要足够高，并且上下护栏间距要合理设计，防止人员因蹲下工作而跌落出工作吊篮。

（4）工作吊篮内侧需要考虑工作人员手扶扶手的位置，尽可能不借用工作吊篮的护栏作为手扶的扶手，以避免工作吊篮与周边结构发生碰撞而造成工作人员手部夹挤事故。

（5）工作吊篮连接钢丝绳的受力点，必须按照系物与被系物的有关规定进行设计和检验，并且按照海洋石油安全管理细则的要求进行挂牌和涂色，以方便使用者直接识别，确保其在有效期内被使用。

（6）工作吊篮必须设计有人员可以出入的门，并且有安全销或者等同装置，以防止门禁意外打开，从而造成人员坠落事故。

二、工作吊篮的安全管理要求

（1）严格限定安全吊装的人数，作业人员乘工作吊篮进行高处

图 6 - 12 工作吊篮

作业时必须系安全带（在水面上方作业应穿救生衣）。安全带上的绳索末端应系挂在吊车的吊钩上，不得系在工作吊篮上。

（2）当风力超过 15 m/s 或影响工作吊篮安全起、放，并威胁人员安全时，应停止吊放。

（3）用工作吊篮起吊人员时，在客观条件允许的情况下，应先将工作吊篮移至水面上方再升、降，并尽可能减少工作吊篮的回转角度，保持起吊稳定和平衡。

（4）使用吊车悬挂工作吊篮，吊车司机不得离开驾驶室；使用绞车悬挂工作吊篮，绞车操作人员不得离开绞车，以便紧急情况下能及时处理。

（5）在升降过程中，应防止工作吊篮与建筑物的棱角相摩擦，其停放位置不得妨碍消防逃生通道。

（6）若作业人员的工作位置超出监护人员的视线，必须有一名救助人员站在另一能观察到作业人员的安全位置。若在设施或甲板以外进行水面以上的吊篮作业，要遵守舷外作业的有关要求，必须有守护船随时待命。

（7）应专人负责工作吊篮的维护、检查，经常保持完好和随时可用的状态。若超过出厂规定的使用期限，必须经鉴定合格后方能继续使用。

第八节 海上舷外作业

海上舷外作业是指在平台/船体外或在船体边缘无栏杆保护等有落水危险的区域进行作业。海上舷外作业作为海洋石油设施特有的一种高处作业，与陆地相比增加了人员坠海溺水的风险，因此应严格按照高处作业和舷外作业的有关安全要求进行。

舷外作业一般分为吊篮舷外作业和舷外登高架设作业，如图 6 - 13、图 6 - 14 所示。其中，舷外登高架设作业所用设施、器材还有如下要求：悬挑脚手架选材应符合《建筑施工扣件式钢管脚手架安全技术规范》（JGJ 130—2011）的规定，悬挑脚手架用型钢的材质应符合《碳素结构钢》（GB/T 700—2006）或《低合金高强度结构钢》（GB/T 1591—2018）的规定，用于固定型钢悬挑梁的 U 型钢筋拉环或锚固螺栓材质应符合《钢筋混凝土用钢 第 1 部分：热轧光圆钢筋》（GB 1499.1—2017）中 HPB235 级钢筋的规定。

一、舷外作业的一般安全要求

（1）风力超过 15 m/s 或能见度较差等恶劣天气、海况条件下禁止进行舷外作业。

（2）舷外作业必须有守护船或救助艇守护，守护船艇应在作业就近海域，且舷外作业不得工作于守护船艇的正上方。当直升机着陆

图 6-13 吊篮舷外作业

图 6-14 舷外登高架设作业

时，需要暂停舷外作业。

（3）舷外作业必须穿合适的救生衣。在海水温度低于 15 ℃时，舷外作业人员还必须同时穿防寒救生服和救生衣。救生服要有完整的反光材料，不得随意撕毁。

（4）现场附近应放置救生圈，并安排专人监护，若附近无法观察到作业人员，应再安排一名监护人在其他能够看到作业人员的位置进行观察，并保证监护人和作业人员通信良好。

（5）舷外作业的安全带必须系在牢固的设备设施上，不得系在未搭建牢固的脚手架上。

（6）作业时，工具要放在工具袋（桶）内或用细绳系住。

（7）拆装的零部件要放在专用的布袋或桶中。

（8）上下运送东西时禁止抛掷。

（9）禁止一手携物，另一手扶梯上下。

二、舷外作业准备工作

通常，舷外作业作为海上作业设施的高风险作业，必须获得相应的工作许可方可进行，在作业许可证签发前，往往要做很多安全准备工作，包括但不限于以下内容。

1. 舷外作业前安全要求检查清单

（1）工作区域已由作业主管检查过。

（2）舷外作业区域安全，不受临近工作特别是上下不同层面工作的冲突影响。

（3）其他受该证书影响的所有人员都应被告知。

（4）使用前，所有绳吊、系索和安全带要检查并确保其完整性。

（5）要求有救生服。

（6）救生衣穿戴牢靠。

（7）与中控室建立对讲联系。

（8）与守护船建立对讲联系。

（9）守护船停泊在离现场 200 m 以内或靠近工作现场。

（10）守护船船长确认一旦发生紧急情况，守护船确保有能力可以营救。

（11）核实天气情况及天气预报。

（12）核实挂靠点完整性和承重能力。

（13）其他安全准备工作。

2. 工作进行中的应急准备及预防措施

（1）与守护船船长保持持续对讲联系。

（2）船长下班则中止工作，中间有任何不在岗情况，要通知舷外作业人员暂停作业。

（3）需要救援计划/设备就位。

（4）作业团队中的守护人员以及守护船上的观察员要持续就位。

（5）确保舷外作业下方区域没有作业船舶和渔船。

（6）持续监测没有其他影响舷外作业的工作内容。

第九节　海上设施高空绳索作业

海洋石油作业设施和生产设施上有很多建筑结构、设施的检查维修，例如浮式生产储油装置单点系泊系统顶部结构中的塔状构造，生产作业平台井口区高处管线的检修。这些特殊的高处结构，如果按照传统的搭设管扣式脚手架来搭建一个作业平台去完成耗时较短或者紧急的检修任务，势必会耗费很大的人力、材料，还可能会由于搭设作业影响周边其他的正常作业，而且井口区一些关键性仪表、油气管线也增加了被脚手架管撞击发生事故的风险。类似这种情况，高空绳索作业就凸显出其优势。

井口平台的导管架上进行的高空绳索作业如图 6 - 15 所示。

在浮式生产储油装置或生产平台上有一些塔式结构上的高空绳索作业，如图 6 - 16 所示。

高空绳索作业的设备具有非常专业的技术要求，根据工作需求不同所使用的组件也不尽相同。常见的高空绳索作业工具如图 6 - 17 所

图 6 – 15　井口平台的导管架上进行的高空绳索作业

图 6 – 16　塔式结构上的高空绳索作业

示。

　　需要强调的是，安全绳一般要比工作绳更粗一些，并且有颜色区分，以提供更大的破断强度，从而更大程度地防止人员坠落。

　　采用高空绳索作业方法时，要考虑以下安全要求：

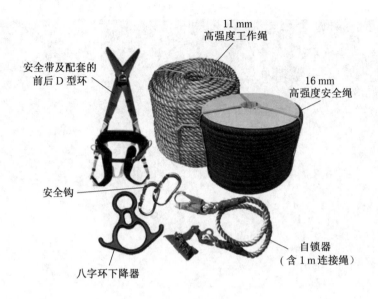

图 6 – 17　常见的高空绳索作业工具

（1）高空绳索作业人员身体健康，没有恐高症等影响井架高处作业的心理情况。

（2）高空绳索作业人员具有胜任自己岗位所要求的登高安全理论知识和技能，经专业培训考核合格，并且具有足够的实践练习后方可独立胜任。

（3）高空绳索作业人员获得了主管批准的高空绳索作业许可。

（4）当时的气象条件是否适合安全高空绳索作业，如果涉及雷电天气，则不可以进行井架的高空绳索作业，如遇大风、冰冻、冰雪等气象条件，要严格限制高空绳索作业。

（5）如遇钻井等紧急事故需要应急而要求的高空绳索作业，必须有正式的足够的工作安全分析，并且所有的防范措施准备到位，得到海洋石油作业设施经理或者钻井经理的书面批准后方可进行。

（6）高空绳索作业的设备必须是专人专用，专人负责对设备进行检查，保管和维护时如发现绳索或工具有缺陷，必须立即停止作业，直到更换没有缺陷的替代绳索或工具，方可继续进行作业。

（7）高空绳索作业时，要严格禁止其他任何可能影响作业的交叉作业，包括但不限于吊装作业、其他搭设作业、热工作业、机械设备的维修和调试作业等。

（8）高空绳索作业的受力点必须是具有足够强度的固定结构，或者用钢丝绳或吊带软连接的具有足够强度的连接件。

国际高空绳索技术在国外已是普遍使用的一种新技术，其在海洋石油行业高处作业的某些领域，无论是经济性还是安全性方面都有巨大的优势。目前我国海洋石油行业已经逐步接受并认可了国际高空绳索技术，高空绳索技术已经为中海油设施提供了相关的检验和维修服务，并取得了安全事故为零的良好效果。

第七章　高处作业事故案例

第一节　事故案例分析

一、钻井人员坠落死亡事故

1. 事故概述

2004 年 1 月 25 日 11 时 30 分左右，渤海某钻井平台正在进行随钻测井作业，游车因下钻至钻台面，此时钻井二班开始清理使用过的钻具及其他工具，并清洗钻杆内的过滤网。刘某原在泥浆泵房协助副钻工作，见下钻停泵便主动上钻台协助工作，用黄油枪保养吊卡。随后刘某拿着空黄油枪向司钻屈某请示，要求上保养小平台去保养顶驱冲管。司钻告诉他，"马上就要下班了，别去了，本班没怎么使用顶驱，等下一个班接班后由他们来保养"。刘某没有提出异议且拿着空黄油枪就离开了。

在此期间，顶驱是静止的。11 时 45 分左右，司钻为了给钩出泥浆滤网留出足够空间，正常操作缓慢上提顶驱，当班井架工听到游动滑车有运动的声音，立即从井架二层台探头观看下边的作业内容，发现刘某站在顶驱一侧，便立刻呼叫"停"（刘某也在叫停）！司钻突然听到钻台上部有人叫停，以为顶驱挂到什么东西了，立即刹车，只见刘某从距钻台面约 6.94 m 垂高的顶驱上坠落下来，安全带断裂，其面部朝下横卧转盘面，司钻立即组织施救，但刘某终究由于伤重而不治身亡。

2. 原因分析

1）直接原因

刘某从 6.94 m 高空坠落撞击转盘，造成颅脑损伤是其死亡的直接原因。

2）间接原因

没有合理沟通。刘某在未征得司钻屈某同意的情况下自行上顶驱保养设备，且上顶驱后也没有及时向任何人声明，从而得不到必要的协助、配合和监护。在不知情的情况下，根据下钻作业需要正常上提顶驱，导致刘某站立不稳而坠落；安全带意外断裂，导致刘某坠落摔死。

（1）安全带系点不合理，违反了"高挂低用"的原则。固系点与工作站立位置角度太大且固系点太低，人员坠落加速度致使安全带受冲击的行程较大。

（2）安全带受到外力。从安全带两处断口处判断：安全绳受重力加速度冲击力后首先被井架小平台凹槽锐钢边角切断 2 股，剩余的 2 股绳已不能承受死者体重下坠的加速度冲击力导致人员坠落。

（3）标准选择不合适。该安全带系山东滨州和信化纤绳网集团有限公司生产，是原国家安全生产监督管理局认可的特种劳动防护用品定点生产企业，也是公司的合格供货方。该批安全带有山东省劳动保护用品质量监督检验站出具的合格检验报告；事后送国家劳动保护用品质量监督检验中心鉴定，检验的 8 项内容中有 5 项合格 3 项不合格，结论为合格。根据国家标准《安全带》（GB 6095—2009），安全带的安全冲击质量为 100 kg。刘某自身质量是 88 kg，穿着防寒衣物和工衣、工鞋、安全带后，总质量接近 100 kg。

此外，对钻台工作环境风险评估与分析不足，安全意识淡薄、思想麻痹、执行安全制度不严格，是造成这起事故的间接原因。

二、平台人员坠落受伤事件

1. 事故概述

2007 年 9 月 13 日零时 40 分，海上某平台中层甲板井口区 C21

井大修作业即将完毕，在拆完防喷器，拆卸立管过程中，一名钻工在整理旁边的小井盖压着的塑料布时，从平台中层甲板坠落到下层甲板。平台作业队对 C21 井大修作业进行下生产管柱作业。

由于中层甲板铺满防油污塑料布，整块塑料布是被几个小井盖压住，副钻和一名钻工去解除升高短接周围的塑料布和帆布，一名钻工也准备去拿小井盖撤塑料布，此时另一名钻工（受伤者）先拿掉小井盖后，在抽掉塑料布时失去重心，从中层甲板小井盖中掉落至采油树甲板。副钻等人员迅速到采油树区查看，并马上通知修井监督、平台长、修井队长。副钻带人赶到下层甲板，发现受伤钻工躺在下层甲板，由于担心随意挪动伤员会加重伤势，就在伤员身旁呼喊，大约过了 1 min，伤员有意识并能进行言语交流；经询问伤员能否活动，发现伤员头脑清醒，且能自主活动肢体，没有异常反应，在人员搀扶下准备回宿舍。

经医生诊断，受伤钻工头脑清醒，肩部软组织损伤，无骨折迹象，无其他异常情况；总监在征询医生的意见后，安排钻工休息，医生进行监护。

2. 原因分析

钻工田某在平台中层甲板整理井口盖下面的塑料布时，跌滑坠落到下层甲板，造成人员伤害。

1）直接原因

行为类：工作位置或者工作姿态不正确（钻工田某在移走小井盖去掀塑料布时，没有采取保护性的姿势以防止跌滑坠落）；决定欠妥或缺乏判断（钻工田某没有意识到小井盖被拿起来后，人员可能从孔洞掉下去的风险）。

条件类：地面滑（作业人员所站的塑料布表面有油污，人员在行动时存在跌滑风险）。

2）系统原因

人为因素：疲劳（由于钻工田某在此之前，已经在其他油田工作了一段时间，之后就来到该油田，因而没有得到充分休息）；身体状况的其他因素（可能钻工田某包含身体本身的健康状况不佳情况，患有脑部垂体瘤）；对关键的安全行为没有充分认识（钻工田某没有意识到自己去拿起小井盖整理塑料布的风险）；没有充分强调关键的安全行为（修井监督、修井领班、作业队长、副钻没有强调井盖掀开后的风险）；不经常操作的技术（钻工田某没有做过井盖移位，整理塑料布的类似工作）。

工作因素：不能明确鉴别工作场所的危险隐患（小井盖被移开后，人员可能坠落的风险没能鉴别出来）；安全会议不足（作业前的班前会过于简单，走过场，作业安全风险分析不充分，作业人员没有领会作业风险，也没有将拆立管整理塑料布的过程进行分析，修井监督、作业队长及副钻没有有效地控制班前会召开效果）；工程设计的其他因素（上、中层甲板井口盖区的油水收集槽不能满足现场实际需要）；工作安排欠妥（工作人员安排不当，相应岗位作业人员的合理安排没有控制好）；作业监管欠妥（在拆卸立管上的塑料布过程中，领班没有对班组内成员钻工田某的活动进行有效监管）；上下级之间的沟通不完善（领班没有同班组内其他成员进行有效沟通，致使钻工田某没有得到指令就去拿开井盖，整理塑料布）。

三、脚手架搭建中高处坠落死亡事故

1. 事故概述

2009 年 12 月 17 日上午，某单位施工场地正在进行组块建造。该场地脚手架的搭设和拆除工作由一家专业承包商承担。8 时 5 分，承包商 4 名架子工、4 名辅助工开始配合搭设悬挂式脚手架。10 时 40 分，4 名架子工完成了同一根横杆与 4 根悬挂立杆的连接后，架子工郭某摘下安全带，悬挂在横杆上，并试图从站立的立杆跨越到相邻立杆，因立杆间距过大（约 2 m），无法到达。随后，郭某四肢配合沿横杆爬向相邻立杆。爬行中，横杆弯曲，郭某坠落到地面（坠落高度 16.4 m），经抢救无效死亡。

2. 原因分析

个人违规：搭设悬挂式脚手架时，从一根立杆移动到另一根立杆，应先从立杆爬至上部工作平台，再从平台下至另一根立杆。不应从一端未固定的横杆上爬向另一根立杆。

缺乏隐患意识：没有意识到水平横杆探出部分无法承受其自身的重量，存在弯曲变形的风险。

个人防护用品使用不正确：安全带的使用要求"高挂低用"，并且就近系挂。郭某坠落前安全带直接系挂在一端未固定的水平横杆上，横杆弯曲后，安全带与人员一同落地。

四、某平台井口区人员坠落死亡事故

1. 事故概述

2012 年 8 月 3 日，某平台井口区正在进行批量井次测静压作业及产能测试作业。

18 时 15 分，作业队长赵某（白班）组织人员召开 B13 井钢丝作业班前会。安排井队 5 人（包括白班、夜班人员及吊车司机）将井架移至 B13 井位置并对中。作业队夜班人员 4 人（南某、孙某、徐某、荆某）就位钢丝设备。21 时，井队移井架到位，钢丝设备就位，准备钢丝作业。夜班队长南某与钢丝助操孙某到钻台接井下作业工具串，并安排徐某与荆某到中层井口区接井。21 时 10 分，徐某、荆某到中层井口区与平台夜班操作工廖某进行 B13 井交接工作。完成接井并卸完清蜡阀压力后，荆某到上层甲板准备打开井洞盖板安装升高管，徐某在中层井口区拆采油树帽。荆某到上层甲板后，揭开鼠洞盖板，观察到徐某将采油树帽拆开后，打手势示意徐某离开采油树区。21 时 30 分，徐某离开采油树区到达安全通道处时，回头看见井洞盖板从 7 m 高的上层甲板坠落，荆某以上肢前倾姿势随后落下，两者高度差在 3 m 左右。井洞盖板落在 B22 井法兰盘处，荆某落在 B13 井法兰盘处，脸部朝下。

徐某立刻跑到荆某身边喊他，见无反应，立即去叫人。

平台医生到井口区，经过检查发现：伤者右手腕部内侧桡骨头与尺骨头脱位穿出皮肤，右肘关节外侧开放性骨折，右后脑有一约 10 cm 开放性伤口，皮下血肿。医生对伤者进行了止血、包扎、输液、吸氧等处理，测量伤者的呼吸、血压和脉搏均正常，处于昏迷状态。

8 月 10 日 22 时 50 分，医生宣布荆某因伤势过重，抢救无效死亡。

2. 原因分析

现场井洞与鼠洞存在两种情况，一种是井洞与鼠洞相连通，井洞盖板存在坠落可能；另一种是井洞与鼠洞未连通，井洞盖板无法坠落。B13 井井洞与鼠洞相连通，荆某打开鼠洞后，独自搬运 47 kg 井盖时，造成井盖发生坠落。随后荆某可能因站位不当等因素也发生坠落。

作业安全风险分析会上，基于井盖被打开的情况，提示了作业人员有坠落风险。但对井洞与鼠洞相连通情况，当鼠洞盖板被拿开时，人员在搬运井盖时井盖和人员都有坠落风险，对此风险未对作业人员给予特别提醒。

荆某本人因习惯性作业，在搬动井盖时未意识到当井洞与鼠洞相连通时，存在坠落风险。

五、钻台甲板作业人员坠落摔伤事故

1. 事故概述

2012 年 8 月 11 日，某钻井平台一名甲板工与另一名同伴在钻井平台甲板操作液压大钳，该名甲板工所站区域的部分甲板被拆除（因钻井船靠平台钻井时，部分甲板阻挡井架的移动），现场使用防护绳对该区域做了隔离。在作业过程中，甲板工从钻井平台甲板坠落至平台上层甲板，坠落高度 1.8 m，造成该名甲板工腿部受伤。

2. 原因分析

（1）作业区域防护存在缺陷：现场仅使用两根绳子对拆除后的区域进行隔离和防护，不能满足人员坠落防护要求，甲板工坠落时将绳子拉断。

（2）现场作业环境狭窄：钻台上部分甲板被拆除后，造成现场作业环境狭窄。

（3）现场照明过度：在甲板工作业区域安装有一个500 W照明灯，对甲板工的视觉会产生短期的盲区。

（4）该名甲板工在日常作业时，容易出现急躁情绪。

六、修井作业人员坠落受伤事故

1. 事故概述

2007年9月13日，某平台在进行修井，零时45分，副司钻等三人在中层甲板为拆立管做准备，一名工人在工作中时失去重心，从中层甲板小井盖口掉到采油树甲板，坠落高度约5 m，造成多处软组织挫伤。

2. 原因分析

（1）场所的灯光照明。事故中，场地照明情况不佳，伤者没有能够及时观察到环境状况，是造成事故的一个重要原因。

（2）个人保护用具的使用。高处作业或可能存在坠落风险的作业中，人员应佩戴安全带等防坠落保护用具，以减少伤害的可能性和后果的严重程度。

（3）平台甲板开口位置的警示标识。对于可能造成人员坠落的开口、边沿等位置，需要设立警示标识以提醒作业人员。可能的情况下，应建立护栏等隔挡装置。

（4）加强作业前的风险分析。对作业场所的风险，特别是日常性工作的场所，很多时候都会以一种"惯性"思维去认识场地内的风险，往往一些特别的隐患就被忽略了。班前"五想五不干"行为准则需要进一步在现场落实执行。

七、施工现场人员坠落死亡事故

1. 事故概述

某海洋石油生产设施已服役多年，2007年12月开始维修改造，

2008 年底施工进入尾声。A、B 两家公司分别承担了一部分维修改造工程。11 月 28 日，A 公司向 C 公司等三家公司发出询价函，C 公司于 11 月 30 日回复报价。12 月 2 日，C 公司卢某在 A 公司人员陪同下，登上设施进行首次调研。12 月 3 日下午，卢某在 A 公司人员陪同下第二次登设施调研；15 时左右，因陪同人员另有工作安排，卢某独自继续查看。12 月 3 日晚饭时，卢某未按时返回驻地，手机能接通，但无人应答。随后，组织人员在设施上寻找，18 时 30 分循手机铃声找到受伤的卢某。伤者被送往医院抢救，20 时 30 分宣布死亡。

2. 原因分析

事故调查显示，维修改造中 B 公司拆除了主甲板通风管道风闸，留下 30 cm 宽的缝隙。卢某从缝隙处进入通风管道水平段，随后坠入 1 m 外的通风管道垂直段，坠落高度 16.5 m。

八、循环水管管沟安装场地人员坠落死亡事故

1. 事故概述

2013 年 4 月 28 日 17 时 20 分，某公司循环水管管沟安装场地已经完成抽排水，承包商两名员工吴某和沙某正准备回收管沟内的排水设备（潜水泵及输水带），为第二天敷设循环水管做施工前准备。17 时 45 分，吴某绕过安全围栏通过木制梯子下行到循环水管管道坑内准备取工具包，而沙某在基坑上部收拾输水带工具过程中，违章翻越安全围栏（现场管沟安全围栏约 1.2 m 高），不慎摔落在循环水管（PCCP 管）道坑内（坠落高度 -4.5 m），造成其胸部与基坑内支撑马凳接触，当时沙某无明显的外伤和出血痕迹，意识清醒。5 月 3 日 10 时 23 分，伤者沙某因肝脏出血，经医治无效死亡。

2. 原因分析

（1）忽视地面及周边作业环境：没意识到深基坑坠落风险。

（2）习惯性违规：安全意识淡薄，随意翻越防护栏杆。

（3）个人防护不足：未使用防坠落设施。

（4）作业方式不当：用拖拽的方式进行设备回收。

（5）监护不到位：出事现场当时安全监督不在。

第二节　事　故　预　防

根据发生事故的原因分析不难看出，对高处坠落事故的预防措施可以从人的不安全行为、物的不安全状态、管理上的缺陷、作业环境的不良这几个方面来采取相应的措施，以预防、减少、杜绝高处坠落事故的发生。

一、控制人的因素，减少人的不安全行为

（1）严格规章制度，提高违章成本。对于施工现场的"三违"（违章指挥、违章作业、违反劳动纪律）行为必须严格惩罚，通过大幅度提高违章成本，可以使责任单位和人员意识到违章划不来、承担不起，以杜绝他们冒险作业的念头。

（2）定期对从事高处作业的人员进行健康检查，一旦发现有妨碍高处作业疾病或生理缺陷的人员，应当调离岗位。

（3）增大对高处作业人员的安全教育频率。除了对高处作业人员进行安全技术知识教育外，还应组织高处作业人员观看一些高处坠落事故案例，使其时刻牢记注意自身的安全，以提高他们的安全意识和自身防护能力。

（4）寻找高处坠落事故的发生规律，对其进行针对性的教育和控制。如交接班前后、节假日前后、季节变化施工前、工程收尾阶段等作业人员人心比较散漫时进行针对性教育，并组织开展高处坠落专项检查，通过检查及时将各种不利因素、事故苗头消灭在萌芽状态。

（5）加大现场安全检查的力度，及时纠正违章行为。通过安全巡检、周检、专项检查对在高处作业中违反安全技术操作规程的人员和违反劳动纪律的行为进行纠正，彻底改变作业人员习惯性违章的行为。

二、控制物的因素，减少物的不安全状态

（1）把好入场关。安全帽、安全带、安全网等防护用品的证件必须齐全，在入场之前，必须按照要求进行抽检和验收，为确保防护用品的质量，必要时应按照规定进行试验。如发现有不合格产品，不得进入现场使用。

（2）把好验收关。临边、洞口、脚手架等防护设施在使用之前必须按照要求组织验收，验收时相关负责人要履行签字手续，验收合格后才能投入使用。

（3）抓好责任落实。安全防护设施的管理要责任到人，临边、洞口、脚手架等防护设施必须指定专人负责管理，发现有损坏、挪动、达不到强度要求时要及时进行修复。

（4）抓好动态管理。现场施工的安全管理是个动态管理的过程，安全防护设施的安全管理也必须采取行之有效的措施。工程进入后期施工时，部分安全防护设施区域要进行施工作业，这就需要临时拆除防护设施，防护设施的拆除必须经现场安全负责人批准，并且施工完毕必须及时、有效地将安全防护设施恢复。且在防护设施拆除以后必须要有临时防护设施，临时防护设施要满足强度要求。

（5）抓好特殊部位的管理。对于临边、洞口作业等特殊部位作业，作业人员必须按照要求佩戴安全防护用品，并且要确保周围的防护设施牢固可靠。

三、对管理缺陷的控制措施

（1）企业要建立健全各种安全生产责任制，详细制定出各种安全生产规章制度和操作规程。

（2）现场高处作业必须严格按照要求执行作业许可制度，或编制专项方案，一般的高处作业要编制针对性、指导性强的专项方案，且方案必须按照程序进行审批。对于危险性较大的工程，如高大模板工程、30 m 以上的高处作业专项方案，还必须组织专家组对已编制

的专项方案进行论证审查。

（3）要重视教育、交底工作。现场在进行高处作业前，必须对相关人员进行教育，针对作业中将出现的不安全因素、危险源等对作业人员进行交底，保证作业人员安全。

（4）重视施工现场的安全检查、整改措施。作业中注意检查高处作业人员是否严格遵守安全技术操作规程，是否按高处作业方案的相关要求去作业，现场的安全防护设施是否齐全有效，高处作业人员是否按规定佩戴安全防护用品等。针对检查中出现的问题必须按严格照"三定"（定人员、定时间、定措施）的措施落实整改。

四、控制环境因素，改良作业环境

（1）禁止在大雨、大雪及六级以上大风等恶劣天气从事露天悬空高处作业。大风、大雨、大雪天气过后应组织现场人员对脚手架、各种防护设施进行专项安全检查，确保安全后才能继续使用。

（2）夜间、照明光线不足时，不得从事悬空高处作业。

高处作业是高风险的作业，特别是海洋石油作业设施的高处作业更具有其危险特性，我们要认真贯彻"安全第一、预防为主、综合治理"的方针，广泛采纳预防高处坠落事故的各项行之有效的措施。我们相信，只要严格、切实把好每一道关口，强化安全意识，努力学习安全技术知识，自觉遵章守法，高处坠落事故是完全可以预防和避免的。

参 考 文 献

[1] 毛洪益．脚手架工程施工的安全技术要求［J］．广西质量监督导报，2007（4）：64.

[2] 徐洪军．特种作业人员安全技术培训考核统编教材：登高架设工［M］．2版．北京：中国劳动社会保障出版社，2005.

[3] 张银国．建筑施工高处作业坠落事故特点、成因与预防［J］．建筑安全，2008（增刊）：39－41.